BIBLIOTHÈQUE
DES
ÉCOLES
ET DES
FAMILLES

PRIX: 3.00

W. DE FONVIELLE

LES NAVIRES

CÉLÈBRES

Hachette et Cie

LES
NAVIRES CÉLÈBRES

28920 — PARIS, IMPRIMERIE LAHURE

9, rue de Fleurus, 9

BIBLIOTHÈQUE DES ÉCOLES ET DES FAMILLES

LES
NAVIRES CÉLÈBRES

PAR

W. DE FONVIELLE

OUVRAGE ILLUSTRÉ DE 58 GRAVURES

DEUXIÈME ÉDITION

PARIS
LIBRAIRIE HACHETTE ET Cⁱᵉ
79, BOULEVARD SAINT-GERMAIN, 79
1894

LES NAVIRES CÉLÈBRES

CHAPITRE I

LE NAUTILE LÉGENDAIRE

Phérécyde, auteur d'un livre sur *la Nature des Dieux*, attribue l'origine de la navigation à Hercule et à Apollon. La fable est assez étrange pour que nous la rapportions.

Le fils d'Alcmène arriva un jour sur les bords d'un vaste océan, qui l'empêchait de continuer sa route. La chaleur était épouvantable, et le soleil brillait d'un éclat inaccoutumé. C'est à l'astre qu'il s'en prit de sa mésaventure, et, saisissant son arc, il lança contre le disque ses flèches teintes dans le sang de l'hydre de Lerne.

Apollon était, à ce qu'il semble, un Immortel capricieux. Quelquefois il ressentait vivement certains outrages qu'il eût mieux fait de dédaigner; parfois, au contraire, il se rappelait qu'il était le dieu de la poésie, et l'audace avait le don de lui plaire.

Il paraît qu'il se trouvait en ce moment dans cette heureuse disposition, car, descendant de son char, il revêtit une forme humaine et se montra aux regards du hardi voyageur, étincelant de grâce et de majesté. On sait que même lorsqu'ils prenaient notre figure, les habitants de l'Olympe ne pouvaient dissimuler complètement leur qualité.

Apollon commença par féliciter Hercule du courage dont il avait fait preuve en bravant sa colère, puis il ajouta qu'il allait lui fournir les moyens de continuer ses expéditions, auxquelles tout l'Olympe s'intéressait, puisqu'elles étaient dirigées contre des monstres désolant la surface de la terre.

Après avoir fait cette promesse, le dieu disparut, et au même instant Hercule vit approcher du rivage un immense gobelet d'or, poussé par des courants mystérieux.

Le héros n'hésita pas un seul instant à se placer dans cette étrange embarcation, qui s'éloigna dès qu'il y eut mis le pied.

Phérécyde, dont le livre ne nous est connu que par quelques fragments, donne à ce récit fantastique une sorte de fondement, en s'appuyant sur une étymologie, moins ridicule, peut-être, que certaines analogies prises au sérieux par de graves historiens. Il fait remarquer qu'en langue grecque le même mot veut dire barque et gobelet.

Mais il n'est pas besoin d'aller chercher Apollon et Hercule pour expliquer cette coïncidence. En effet, on comprend que les premiers hommes assez hardis pour se confier à l'incertitude des flots n'aient point eu pour principale préoccupation d'aller vite, mais d'empêcher que le navire auquel ils confiaient leur vie ne chavirât.

Les premières médailles sur lesquelles on a représenté des vaisseaux en font foi. L'allongement qu'ils donnèrent à leurs barques ne dépassa pas celui que les aéronautes choisirent pour leurs premiers ballons dirigeables.

L'amiral russe Popoff, qui, à une époque toute récente, proposa une forme sphérique pour les cuirassés, ne faisait que ramener la navigation à ses premiers débuts.

La vitesse des vapeurs construits d'après ce système n'était pas très grande, cependant elle n'était point aussi faible qu'on aurait pu le croire, parce que leur forme permettait d'y loger des machines excessivement puissantes. On pouvait les revêtir d'une armure très épaisse, et leur donner la force de résister aux boulets les plus gros. Enfin, au lieu d'employer d'énormes tourelles d'une manœuvre très compliquée, mises en rotation à l'aide de roues dentées et d'engrenages susceptibles de se déranger au milieu d'un combat naval, on n'aurait, pour braquer sur l'ennemi d'énormes canons, qu'à faire tourner le navire lui-même autour de son axe, à l'aide des hélices qui lui serviraient de gouvernail. Aussi les *popoffka*, ainsi nommées en l'honneur de leur inventeur, ont eu leur heure de célébrité. Peut-être n'ont-elles été repoussées complètement par toutes les marines, et même la russe, qu'à cause de l'étrangeté de leur conception ; mais auraient-elles été ainsi appréciées si on les avait vues tonner en ligne de bataille réelle, et non pas seulement figurer dans les parades, où les *affondatore* excitent tant d'admiration en temps de paix?

Ce qui obligea surtout les premiers marins à allonger leurs navires, ce fut le mode de construction qu'ils adoptèrent et que les tribus sauvages pratiquent encore de notre temps, lorsqu'elles creusent leurs embarcations dans un tronc d'arbre en employant le feu. Quelquefois même les explorateurs prennent dans le sein des forêts africaines un procédé analogue, avec cette différence que les charbons sont remplacés par des haches. En huit jours, une vingtaine d'indigènes de l'équipage de la *Lady Alice* ont creusé le *Stanley*, qui avait plus de douze mètres de long, près d'un mètre de large à l'arrière, et soixante centimètres de profondeur. Sous la conduite de quelques Européens d'élite, ils montrèrent une adresse et une activité que les Grecs et les Romains n'ont certainement point surpassées dans leurs plus célèbres improvisations navales.

Ces nègres, si terribles s'ils avaient été fanatisés par un mahdi, développèrent une force et une persévérance dignes de véritables compagnons d'Hercule. Ils firent franchir aux barques de leur chef des seuils de quatre cents mètres d'élévation, devant lesquels auraient peut-être reculé nos héroïques laptots sénégalais.

Ils traînèrent le *Stanley* au milieu de forêts dans lesquelles les lianes et les buissons entrelacés forment des obstacles que les fauves ne peuvent franchir, et qui d'ordinaire ne livrent passage à l'être humain que lorsqu'il se fait précéder par le feu.

Non seulement ils avaient à écarter les bêtes féroces et les serpents, mais aussi les tribus insurgées qui peuplaient les clairières et s'embusquaient dans les taillis pour les percer de flèches empoisonnées. Ceux qui venaient de s'atteler au cordeau pendant une longue étape se reposaient de leurs fatigues en écartant l'ennemi à coups de fusil.

Les premiers hommes n'avaient pas besoin qu'Apollon vînt révéler à Hercule les éléments de la navigation. En effet, le créateur du monde avait mis sous leurs yeux un modèle admirable auquel on a emprunté bien des choses, mais que l'on n'est point encore arrivé à copier complètement.

Aristote, Élien et d'autres écrivains célèbres se sont plu à décrire les mœurs d'un joli mollusque marin que les anciens ont nommé *nautile*. De combien de recherches savantes et instructives ce gracieux céphalopode n'a-t-il pas été l'objet, depuis la publication de l'*Histoire des animaux*, dédiée à Alexandre le Grand, jusqu'à celle du merveilleux mémoire que Van Beneden a adressé en 1838 à l'Académie de Bruxelles.

Le tableau fantastique que Pline nous trace de ses mœurs et de ses habitudes semble résumer toutes les qualités dont un navire parfait, idéal, peut être pourvu.

« Le nautile, dit le célèbre naturaliste, peut monter à la surface de l'eau en faisant écouler le liquide contenu dans un tube qui

Ces nègres si terribles firent franchir aux barques des seuils de 500 mètres d'élévation.

lui sert de réservoir. Déchargé de ce poids, l'animal flotte sur le dos, le ventre en l'air. Pour se mouvoir, sans avoir aucun mouvement à faire, il n'a qu'à étendre ses deux premiers bras. Alors se déroule une membrane d'une finesse merveilleuse, qui lui sert de voile. S'il n'y a point de vent, le nautile emploie ses autres bras à ramer. Sa queue lui sert de gouvernail; il peut donc naviguer de la même manière que le ferait une galère, et de plus rentrer dans l'abîme s'il aperçoit quelque ennemi qui le menace. »

Pline réunit dans cette poétique description les caractères de deux mollusques bien différents, le véritable nautile, qui habite les mers de l'Inde, et l'argonaute, qu'on trouve dans la Méditerranée.

Le premier possède en effet un siphon qui lui permet de disparaître dans les profondeurs des eaux. Le second est bien pourvu de grands bras membraneux, qui ont dû donner l'idée d'une mâture quand on a manié les restes de l'animal. Nous mettons (p. 9) sous les yeux du lecteur le nautile tel que l'imagination des premiers hommes l'a vu; mais nous devons ajouter que la science moderne indique un autre usage à ces curieux appendices, dont il paraît que la femelle est seule pourvue : ils ne serviraient que d'instrument, de truelle, pour construire une sorte de coquille artificielle dans laquelle les œufs seraient abrités. Mais nous avons tenu à conserver la trace d'une heureuse erreur, d'une féconde illusion, qui est devenue légendaire et qui mérite, à ce titre, de figurer dans l'histoire des origines mystérieuses de la navigation.

Sceptique par tempérament, Horace ne cherche point à faire honneur de l'invention de la navigation à des animaux fabuleux dont l'organisation ne le préoccupe pas autant que le soin de plaire à Auguste. Dans un langage qu'on ne saurait trop admirer, il fait l'éloge du mortel audacieux qui se plaça le premier sur un frêle radeau et brava la fureur des flots, dont jusqu'alors chacun avait redouté les atteintes.

Jamais peut-être l'ami de Mécène ne s'est élevé à une semblable hauteur et n'a tiré de sa lyre des accords plus harmonieux et plus touchants à la fois.

Les dangers que courait Virgile entreprenant alors un voyage d'Ostie à Athènes, simple promenade de nos jours, lui avaient inspiré des vers qui retentiront éternellement sur l'airain des siècles. Certes il aurait dû avoir une triple cuirasse autour de la poitrine, celui qui sans frémir, sans sentir défaillir son cœur, aurait bravé les golfes profonds, les gouffres ténébreux, les promontoires escarpés, les récifs sans nom, les monstres de l'abîme et les divinités hostiles.

Il est bien difficile d'admettre que, comme la navigation aérienne, la navigation fluviale et maritime ait commencé par une expérience tentée de propos délibéré.

Quelque envie que l'on ait de donner raison au grand poète, on ne peut croire que les hommes du monde primitif aient joui d'un spectacle analogue à celui que les Parisiens ont contemplé lorsque la montgolfière de la Muette s'est élancée dans l'espace, entraînant dans le séjour mystérieux de la Foudre l'immortel Pilâtre et son valeureux compagnon, l'intrépide d'Arlandes. Tout nous porte à supposer que le héros inconnu que chanta si bien Horace était quelque grossier habitant des bords de la mer, le riverain de quelque grand fleuve, surpris, entraîné malgré lui, devenant navigateur forcé, grâce à quelque inondation extraordinaire, imprévue.

Sans doute le seul mérite de cet infortuné, mérite déjà immense, se réduit à ne pas avoir désespéré de la vie. Voyant passer à portée de ses mains un tronc d'arbre, il aura eu la présence d'esprit de se cramponner avec la rage du désespoir, de rester accroché jusqu'à ce que, par un heureux caprice, les flots l'aient

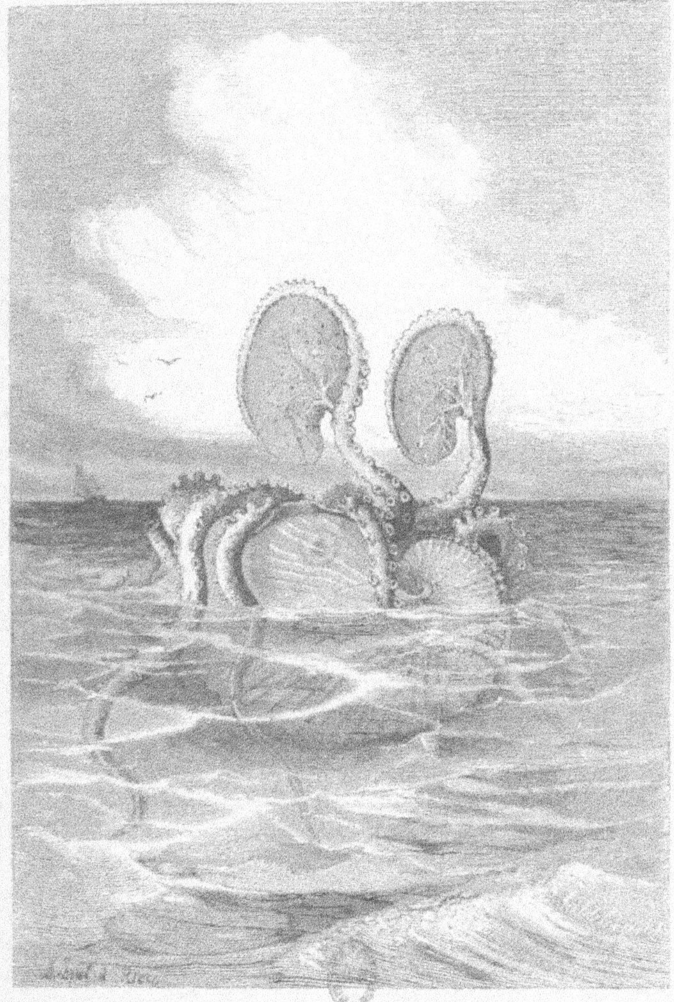

Le *zoanthe* légendaire de Pline présentant ses bras au vent.

abandonné sur quelque rivage, excédé de fatigue, brisé, affamé, mais cependant vivant encore.

Peut-être, enhardi par le succès de son miraculeux sauvetage, cet heureux naufragé aura-t-il recommencé de propos délibéré son expérience. Peut-être aura-t-il bravé une seconde fois les eaux auxquelles il avait échappé contre toute espérance. Peut-être aussi est-ce un ami, un voisin qui l'a imité. Peut-être même, un ennemi, un rival aurait-il en bonne justice tous les droits à l'admiration du grand poète.

Philon de Biblos nous donne des origines de la navigation un récit circonstancié, qui fait sortir le premier navire du perfectionnement du radeau.

Un violent orage ayant éclaté sur les forêts qui couvraient les environs de l'île où plus tard fut construite la ville de Tyr, un coup de foudre mit le feu à des futaies impénétrables.

Un des arbres géants qui couronnaient les montagnes fut atteint par les flammes sans être complètement consumé cependant, et, mutilé, privé de ses feuilles, de ses branches, presque déraciné, il était encore debout.

Un certain Ousas s'empara de ce tronc à moitié consumé, le précipita à terre, et le fit rouler vers la mer.

Quand il le vit flotter, il s'y cramponna à peu près comme un matelot se saisit d'un mât pour échapper à la mort.

Après s'être éloigné à une certaine distance du rivage, Ousas revint à terre sain et sauf. Le résultat de cette tentative excita une profonde émotion dans toute la contrée. Un grand nombre de gens hardis et déterminés la recommencèrent. Plusieurs périrent, mais quelques-uns, aussi heureux qu'Ousas, réussirent à regagner le lieu d'où ils s'étaient élancés dans les flots.

Un autre Phénicien, nommé Chrysor, s'aperçut que la navigation serait bien moins pénible si l'on réunissait en un seul faisceau plusieurs troncs d'arbres, de manière à constituer un objet unique, et le radeau fut inventé.... Ce fut le premier pas dans toutes les constructions que l'on tenta pour imiter le nautile.

D'abord ces radeaux furent plus grossiers que ceux que nous voyons descendre de la haute Seine et qui portent à Paris le bois flotté que consomme la grande cité; mais, petit à petit, leur construction alla en se perfectionnant. Dans les premiers temps on s'était contenté de profiter de la présence des branches pour les entrelacer; on reconnut qu'il était plus sage de dépouiller les troncs, de les placer côte à côte, de prendre ceux qui étaient les plus droits, de les équarrir. Alors on eut l'idée de les percer de trous, d'y mettre des chevilles, de les garnir de planches pour empêcher l'eau d'entrer dans le réduit où se tenait l'équipage.

Il restait encore à trouver le moyen d'imprimer à cette embarcation primitive une vitesse qui lui fût propre.

Un jour vint enfin où des espèces de rames lui furent appliquées.

Mais ce progrès n'était pas suffisant, car la progression mécanique est au moins aussi lente qu'elle est pénible et fatigante.

La navigation ne devint réellement un art qu'à partir du jour où, la voile ayant été imaginée, les navigateurs purent, comme le céphalopode qui leur avait servi de modèle, mettre à profit le vent toutes les fois qu'il ne leur était pas tout à fait contraire.

Si l'on en croit la mythologie grecque, cette belle invention est due à l'habile ingénieur qui symbolise l'industrie naissante dans sa plus haute expression.

Renfermé à son tour dans le labyrinthe qu'il avait lui-même construit, Dédale se serait échappé de Crète dans un navire à bord duquel son fils Icare se serait trouvé comme lui.

Les fameuses ailes dont Ovide a chanté les effets merveilleux avec un enthousiasme si communicatif, ne seraient que des toiles blanches, que Dédale aurait pour la première fois présentées à l'action du vent en les faisant soutenir par des vergues, plus ou moins semblables à celles des navires avec lesquels les navigateurs phéniciens ne se contentaient pas de parcourir toutes les parties de la Méditerranée, mais se lançaient encore dans le grand océan, de l'autre côté des Colonnes d'Hercule.

En dépit de la légende de Dédale, ces peuples fameux réclamaient également l'honneur de l'invention de la voile; ils prétendaient qu'un de leurs citoyens avait copié les principaux organes du nautile, sauf, bien entendu, ceux qui lui permettent de rentrer dans le sein des eaux, et que nous ne sommes point parvenus à imiter encore à cette heure.

Nous verrons tout à l'heure qu'une autre nation voisine, qui a joué aussi un rôle éminent dans l'histoire de la civilisation, demande également la même gloire, ou, pour parler plus exactement, que les monuments qu'elle nous a laissés de sa splendeur la revendiquent en sa faveur.

On aura beau fouiller les annales du genre humain, jamais on n'arrivera à éclairer d'une façon complète le mystère de ces origines. La critique se trouvera toujours désarmée en présence d'un impénétrable secret.

Nous prendrons bien garde de nous passionner pour aucune des théories rivales qui ont eu cours pendant tant de siècles. Cependant celles qui ont pour fondement le génie fécond des poètes méritent d'être mentionnées.

Quoique imaginaires, les événements qu'elles retracent ont été tant de fois commentés de toutes les manières, qu'ils ont fini par acquérir en quelque sorte droit de vie dans l'histoire de l'humanité. Ces mythes gracieux ont si longtemps bercé notre enfance, qu'ils sont devenus trop chers pour que nous les sacrifiions à un trop austère amour de la vérité.

Si l'on renonçait à les connaître, on se priverait du plaisir d'admirer les légendes, que toutes les muses se sont plu à environner de leur prestige et de leurs parfums.

Certes les ailes d'Icare ne se sont point détachées de ses

épaules parce que la cire s'était fondue sous l'action des rayons du soleil; mais nous pouvons, sans trop de crainte de nous tromper, verser des larmes sur son sort. Il n'est que trop probable que le fils de l'inventeur des voiles aura payé par quelque naufrage tragique la gloire de son père, dont il aura voulu profiter sans imiter sa prudence.

Au milieu de ces épaisses ténèbres il n'y a qu'une vérité incontestable : chaque progrès, dans la navigation comme dans les arts, exposés à de bien moins dangereuses vicissitudes, a été acheté au prix d'une multitude de naufrages, douloureux sacrifices qu'un destin impitoyable réclamait impérieusement.

Que de novateurs trop téméraires, cherchant leur route sur l'océan bien autrement tumultueux des passions humaines, apprendraient malgré eux la prudence s'ils connaissaient l'histoire vraie de tous les essais bien souvent lugubres sans lesquels l'esprit aurait erré : car aucune catastrophe n'aura été complètement inutile. Jamais, sans l'active collaboration de la mort, tant de vaisseaux célèbres à juste titre n'auraient flotté triomphalement à la surface des océans.

Persuadons-nous bien que les manœuvres les plus simples, celles qui nous semblent le plus naturelles, sont souvent le résultat d'un nombre prodigieux de désastres et de combinaisons infructueuses.

En effet, l'homme n'est point, comme l'abeille ou la fourmi, guidé par un instinct infaillible ; notre intelligence n'est pas constamment éclairée par une lumière providentielle qui descend d'en haut. On peut dire que, comme les aveugles dont parle Platon dans sa fameuse description de la Caverne, nous vivons dans les ténèbres. Ce n'est qu'à force de chercher notre route à tâtons que nous parvenons à la découvrir dans l'obscurité profonde dont nous sommes environnés.

CHAPITRE II

L'ARGO

Les historiens sont loin d'être d'accord sur les raisons qui ont fait que ce navire reçut le nom sous lequel il a été chanté par tant de poètes. Suivant les uns, c'est à cause de sa légèreté, suivant les autres, à cause de sa longueur; quelques-uns le font dériver de celui d'Argus, ingénieur célèbre qui en aurait conçu le plan; d'autres enfin pensent que c'est à cause du grand nombre d'Argiens qui faisaient partie de son équipage. Mais personne n'a jamais douté que son histoire ne soit la véritable épopée de la navigation grecque. En effet, c'est seulement à la suite de l'expédition dans laquelle il fut employé que toutes les parties de la Méditerranée se trouvèrent ouvertes aux entreprises des Hellènes. On peut considérer Jason, le capitaine de ce navire célèbre, comme le plus ancien précurseur de Christophe Colomb, de Magellan, de Vasco de Gama, des grands navigateurs qui ont fait pour l'océan ce qu'il a fait pour la mer intérieure sur les rives de laquelle la civilisation a pris naissance, et que les Romains appelaient *mare nostrum*, « notre mer ».

Des oracles avaient averti Pélias de se défier du fils de son frère, qui malgré son âge encore tendre s'était acquis une réputation considérable par son courage. Que fait le vieux tyran pour tirer parti de l'avis des Immortels? Il offre à Jason le commandement d'une expédition maritime dans laquelle il est persuadé qu'il va infailliblement périr. Il lui propose d'aller chercher dans la Colchide la toison dorée du Bélier merveilleux sur le dos duquel Hellé et Phryxus ont passé en Asie. Ce talisman d'un prix inestimable est sous la garde d'un dragon terrible que les Destins ont chargé du soin de dévorer tous les téméraires osant tenter de s'en rendre maîtres. Mais le neveu du perfide Pélias était un de ces hommes dont le danger ne fait qu'exciter le courage. À l'époque où des expéditions bien moins lointaines excitaient des terreurs incroyables, ce jeune héros n'hésite pas un seul instant à s'exposer à tant de dangers. Apollonius s'est efforcé d'en faire apprécier la gravité, en multipliant des images dont il nous est difficile de nous sentir touchés. Comment pourrions-nous, dans le siècle de la vapeur et de l'électricité, nous représenter les frayeurs qui hantaient l'âme des navigateurs traversant des mers inconnues, à une époque où leur art consistait surtout à ne jamais perdre de vue les côtes. Si l'amour de la gloire l'emportait sur toutes les craintes qui retenaient les contemporains si près des lieux qui les avaient vus naître, Jason ne se dissimulait pas la difficulté de sa tâche.

A peine a-t-il donné son consentement à Pélias, qu'il adresse de ferventes prières à Junon et à Minerve. Il supplie ces deux puissantes déesses, si souvent rivales, de se mettre d'accord afin de l'assister dans l'œuvre mémorable dont il a pris la responsabilité devant les dieux de l'Olympe et tous les peuples de la Grèce, puis il fait un appel énergique à ses concitoyens. Il conjure les hommes hardis de venir l'aider dans une entreprise dont le succès enrichira toute l'humanité. Les héros que la Hellade s'honorait alors de compter dans son sein s'empressèrent de se rendre autour du fils d'Éson avec un élan remarquable. On n'est pas tombé d'accord sur le nombre des Argonautes. Les uns en comptent cinquante, et les autres vont jusqu'au double, mais tous les poètes placent dans les rangs de cette élite Hercule, le fils de Jupiter et d'Alcmène, les deux

Dioscures, les fils de Léda. Orphée, qui domptait les bêtes sauvages avec sa lyre, de laquelle il savait tirer des sons divins,
accourt du fond de la Thessalie. C'est lui qui dans les moments
difficiles se chargera d'enflammer le courage des héros.

On a découvert en Italie un bas-relief des plus précieux, représentant Argus en train d'achever la construction du navire.

Pallas a répondu à l'appel de Jason. On la reconnaît au casque
dont sa tête est couverte. Elle vient de tirer de son sein un

Minerve a répondu à l'appel de Jason.

morceau d'un chêne sacré de Dodone, talisman duquel les en-
chanteurs et les sorcières de Colchide ne pourront triompher, et
que l'habile charpentier a, tout à l'heure, fixé dans la proue, à
laquelle il travaille encore.

Pendant qu'Argus est appliqué à sa tâche, la fille de Jupiter
s'entretient avec Tiphys, le pilote de l'*Argo*, auquel les Grecs
attribuaient une conception des plus ingénieuses, et qui a exercé
sur le développement de la navigation un rôle aussi important que
la découverte des rames ou des voiles. En effet, c'est à cet homme
célèbre qu'ils faisaient honneur de l'invention du gouvernail.

instrument qui n'avait que le nom de commun avec celui dont nous nous servons. Car ce n'est pas sans tâtonnements, sans hésitations, que l'on imagina de le placer à poste fixé à l'arrière, et de le pourvoir d'une charnière, de manière que l'on puisse le pousser tantôt à droite, tantôt à gauche.

Le gouvernail de Tiphys était une rame plus grande que les autres, que l'on portait, à volonté, à bâbord ou à tribord, pour faire

Les Argonautes lancent leur navire à la mer.

dévier le navire dans le sens opposé. Souvent il était considéré comme plus commode d'avoir deux rames, une de chaque côté, toujours prêtes à agir. Dans ce cas, on n'avait qu'à tenir écartée loin du bord celle dont on voulait se servir.

Un grand nombre de médailles représentent cette disposition singulière, qui a précédé celle qui nous paraît naturelle, de même que l'usage de simples bonnettes a devancé celui des mâts véritables, qui n'ont été employés qu'à une époque ultérieure.

En tout, la méthode humaine semble sortir du composé pour aller au simple, ce qui est le contrepied de la méthode divine, laquelle part toujours d'un nombre prodigieusement restreint d'éléments pour produire une multitude étincelante de combinaisons merveilleuses.

Lorsque l'*Argo* fut terminé, on s'aperçut qu'il était bien loin des rivages de Thessalie. En effet, Argus avait établi son chantier près des forêts du Pélion, où il avait trouvé les arbres

Les Argonautes abordent chez des peuples sauvages.

géants indispensables dans une construction si importante.

Mais des héros qui comptaient Hercule dans leurs rangs ne pouvaient rester embarrassés lorsqu'il s'agissait de transporter un fardeau. Les modernes auraient démonté leur navire. Mais les Argonautes le mirent bravement sur leur dos, et descendirent d'un pas léger sur le bord de la mer.

Des critiques impertinents, au lieu de voir dans cette circonstance une preuve de la vigueur des compagnons de Jason, en ont tiré la conclusion qu'*Argo* était une simple barque, de dimensions pareilles à celles de nos plus pauvres pêcheurs, un canot comme ceux que les Peaux Rouges transportent à l'épaule, chaque fois qu'ils veulent franchir des cataractes.

Nous ne chercherons pas à donner le récit complet de fables parmi lesquelles il devient impossible de reconnaître les traces de la vérité historique. Cependant nous signalerons encore un bas-relief qui nous paraît de nature à faire comprendre les mœurs des tribus helléniques.

Les Argonautes ayant été attaqués par des peuplades sauvages, qui les ont attirés en employant les stratagèmes usités par les indigènes de la mer du Sud pour massacrer les compagnons de Cook et de Bougainville, Pollux défie leur roi, lui livre un combat singulier, le dompte et l'attache à un arbre, pendant que l'équipage renouvelle sa provision d'eau douce. On croirait, sauf la différence des costumes, assister à une scène contemporaine de la colonisation des Nouvelles-Hébrides ou de la Nouvelle-Guinée.

Après avoir heureusement terminé les voyages dont le récit est encore actuel aujourd'hui, Jason n'avait pas été ingrat vis-à-vis de Minerve. Il lui avait consacré le navire qu'elle avait protégé avec tant de persévérance, et l'avait placé dans un de ses temples. Mais les pèlerins grecs faisaient comme ceux du dix-neuvième siècle de l'ère chrétienne : pour exprimer leur admiration ils emportaient volontiers des souvenirs matériels de leur visite. La hardiesse des amateurs de reliques païennes était si formidable qu'il fallait sans cesse réparer l'*Argo*. Au bout de quelques siècles il finit par ne plus rester un seul morceau du navire primitif. Cette circonstance, qui aurait dû refroidir le zèle des visiteurs, ne diminua en rien le respect dont l'*Argo* était l'objet, et les attentats singuliers dont il était victime continuèrent aussi longtemps qu'il resta exposé.

Peu à peu l'on prit l'habitude de le citer comme un exemple des choses qui sont réputées exister encore, quoique toutes les parties qui les composaient eussent été successivement enlevées. Il semble que le proverbe athénien : « C'est le vaisseau *Argo* », employé vulgairement pour désigner les objets de cette nature, soit arrivé jusqu'à nous, mais nous l'avons remplacé par cette autre expression moins poétique : « le couteau de Jeannot ».

Les philosophes s'étaient emparés, de leur côté, du bâtiment sacré. Ils en avaient fait en quelque sorte le symbole d'un principe admirable admis par les pythagoriciens et que la physiologie moderne a complètement consacré. « Les corps, disaient ces penseurs profonds, sont dans un état constant de fluidité et de changement. Les parties de la substance matérielle dont ils sont composés s'échappent sans relâche, pour être remplacés par d'autres qui s'écouleront à leur tour. Il en sera ainsi jusqu'à la dissolution du tout complexe qu'ils forment par leur union. Ce mouvement, que l'œil n'aperçoit jamais, ne s'interrompt point un seul instant. Cependant il n'empêche pas que l'être ne soit conservé, sans que son intégrité ait reçu la moindre atteinte. A notre mort, quel que soit le nombre d'années que nous ayons passées sur la Terre, on a le droit absolu de dire que nous sommes encore le même individu que nous étions lors de notre naissance. »

Enfin, pour compléter la gloire du vaisseau de Jason, on le mit dans le ciel, et on en fit une constellation, qui est jusqu'ici restée telle que les Grecs nous l'ont transmise. Manlius fait remarquer, dans ses *Astronomiques*, que l'*Argo* est la constellation qui marche immédiatement derrière le Bélier, le chef du troupeau céleste, formé par les douze signes du zodiaque. « La poupe de l'*Argo* commence, dit-il, à hisser ses premiers feux lorsque le quatrième degré du Bélier s'élève au-dessus de l'horizon. Quiconque naîtra en ce moment commandera un navire. Pour résister à la tempête il se fera attacher au timon, jamais il ne désertera le pont. Les vents seront les instruments de sa fortune. Il voudra parcourir les plages les plus lointaines de l'océan. Que l'*Argo* cesse de présider à la naissance de tels navigateurs, et il n'y aura plus jamais

de nouvelles guerres de Troie. Xerxès n'embarquera plus toute la
Perse, et ne jettera plus de pont sur la mer. La victoire de Salamine
n'engendrera plus la défaite de Syracuse; les débris des flottes de
Carthage n'encombreront plus les mers. Le monde ne paraîtra
plus en suspens à la bataille d'Actium, et le sort de César ne
dépendra jamais de l'inconstance des flots. »

Quoique aucun navire sacré n'ait jamais eu la même importance
que celui dont la construction était attribuée à Minerve, Athènes en
vénérait plusieurs autres consacrés à des cérémonies religieuses.
Le *Paralos* était employé à accomplir des sacrifices ou à transporter
les généraux qui étaient mis à la tête des flottes de la république.
Lorsqu'on les rappelait de l'exil, où on les envoyait avec une facilité trop grande pour le repos de l'État, c'était encore à bord du
Paralos qu'on les embarquait. La *Délie* était une galère qui ne
servait qu'à se rendre chaque année une fois à l'île de Crète, pour
exécuter au nom du peuple athénien des sacrifices sur les autels
d'Apollon Délien. Dans chacun de ses voyages périodiques, elle était
décorée avec un luxe extraordinaire. En outre on ne pouvait procéder à aucune exécution capitale pendant tout le temps qu'elle
était en mer. Ce détail très curieux des mœurs intimes du peuple
athénien a été mis en évidence d'une façon tragique, mais heureuse pour la philosophie. En effet, Socrate ayant été condamné la
veille du jour où la *Délie* allait quitter le Pirée, on ne put lui faire
boire la ciguë que le lendemain de son retour. L'illustre philosophe
eut tout le temps d'avoir, avec ses disciples, les entretiens où
éclatent tant de preuves admirables de sa résignation et de sa
grandeur d'âme. Grâce à la *Délie*, on put voir jusqu'à quel degré
d'héroïsme et de raison peut s'élever un sage.

La *Salamine* était, suivant une tradition, le navire dont Thésée
s'était servi pour aller en Crète, afin d'y combattre le Minotaure.
Elle avait en outre figuré dans le combat de Salamine, et les Athé-
niens la conservaient, comme les Anglais l'ont fait longtemps du

vaisseau que Nelson montait à Trafalgar. Ce navire glorieux servait d'hôpital aux marins de toutes les nations, et était en rade de Greenwich, au milieu de la Tamise.

En faisant des fouilles dans l'île jadis si fameuse de Samothrace, célèbre par les mystères qu'y aurait introduits Dardanus, d'heureux chercheurs ont retrouvé les restes d'une galère antique dont la construction remontait à l'époque macédonienne. Quoique mutilée, la statue de la Victoire était bien reconnaissable à ses ailes déployées ainsi qu'à sa fière attitude. On devinait que les bras, dont il n'y avait plus que de simples attaches, tenaient une couronne.

La pureté des contours et la hardiesse des traits montrent bien que les flots orageux de ces parages redoutables n'ont point englouti l'œuvre d'un charpentier vulgaire, mais un morceau capital échappé au ciseau d'un élève de Phidias.

D'après l'avis unanime de tous les antiquaires, ce fragment précieux de l'art appartient à un des navires que Démétrius Poliorcète aimait à décorer avec un luxe plus que royal. Cette galère paraît avoir péri dans une des innombrables tempêtes qu'essuya le fils d'Antigone dans son aventureuse carrière. C'est un témoignage de la véracité de Plutarque, quand il nous dépeint les prodigalités de ce prince, qui finit par lasser à la fois la Fortune, Neptune et, ce qui était beaucoup moins difficile, le peuple athénien, dont il sut longtemps rester l'idole.

La vénération des vaisseaux qui ont joué un grand rôle dans l'histoire réelle ou fabuleuse est une coutume générale, et la superstition athénienne a eu des imitateurs dans tous les siècles et dans une multitude de contrées.

La peste ayant éclaté dans la Ville Éternelle, les oracles déclarèrent que pour faire cesser le fléau, il fallait faire venir Esculape, qui se trouvait à Épidaure. Immédiatement on envoya quérir le suprême guérisseur. A peine fut-il arrivé que la mort cessa de moissonner des victimes. Dans leur reconnaissance, les Romains suivirent les habitudes constantes des nations païennes : ils érigèrent un temple au fils d'Apollon, et dans ce sanctuaire ils placèrent le navire qui l'avait transporté. Mais, comme il était en bois et qu'il pouvait pourrir, ils résolurent sagement de le remplacer par un modèle en pierre, qu'on tailla dans la roche sur laquelle le temple avait été érigé. Cette galère était toute semblable à celle dont le dieu avait fait usage, et la superstition lui attribua les mêmes propriétés merveilleuses.

C'était une sorte de palladium de la Ville Éternelle, plus facile à conserver que l'*Argo*, ce qui réjouissait les augures. En effet, on remarqua que ce navire avait duré tout le temps que la capitale de l'Attique avait conservé sa liberté, et qu'il disparut à l'époque où Démétrius de Phalère mit fin au régime républicain.

Les Vénitiens ont eu leur *Argo*, auquel ils ont donné le nom de *Bucentaure*, à la fin du douzième siècle.

Ce navire était une lourde galère, d'une longueur extraordinaire, ayant de chaque bord vingt-trois rangs de rames sortant du pont inférieur, par d'étroits sabords. L'avant portait deux éperons superposés qui n'auraient pu produire des effets bien terribles, avec quelque vitesse qu'eût nagé la chiourme, mais qui semblaient menacer d'une mort sûre tous les ennemis de la république. Sur le pont supérieur, qui était couvert d'un bout à l'autre par une riche tente de soie, se tenaient le doge et les principaux personnages allant assister à son mariage traditionnel avec l'Adriatique; cette cérémonie bizarre mais touchante, dont l'origine remonte à l'année 1177, rappelait des souvenirs aussi glorieux que ceux de Salamine.

Le pape Alexandre III montait le *Bucentaure* lorsqu'il allait au-devant du doge Ziani, qui lui amenait triomphalement le fils de l'empereur Barberousse. C'est après avoir humilié le chef des Allemands, plus cruellement encore que Hildebrand ne l'avait fait à Canossa, que le pontife victorieux avait institué cette coutume poétique, dont le souvenir arrachait des larmes à Manin.

Victoire sculptée sur la proue d'une galère de Démétrius Poliorcète. (Voir p. 25.)

Dès que Ziani eut mis le pied sur le *Bucentaure*, Alexandre fit quelques pas vers le triomphateur, et lui présenta inopinément un anneau d'or.

« Prenez cet anneau, lui dit-il, et servez-vous-en comme d'une chaîne pour tenir les flots assujettis à l'empire vénitien. Avec cet

Le Bucentaure.

anneau, épousez la mer. Que désormais tous les ans, à pareil jour, la célébration de ce mariage soit renouvelée par vous et par les doges vos successeurs. Par cette cérémonie, la postérité apprendra que vos armes ont conquis le vaste empire des ondes, et que la mer vous est soumise de la même manière que l'épouse l'est à son époux. »

Depuis lors, le *Bucentaure* servait dans les cérémonies dans lesquelles Venise devait être glorifiée ou consolée. En 1447 il alla chercher Catherine Cornaro qui revenait fugitive, détrônée de l'île de Chypre. Lorsque des souverains visitaient Venise, c'était le *Bucentaure* qui leur faisait les honneurs des lagunes.

Quand le *Bucentaure* fut incapable de naviguer, la république en fit construire un autre, et jamais, tant qu'il régna sur la reine de l'Adriatique, le doge ne négligea de renouveler une union qui dura plus de sept cents ans.

Lorsque la République française commit une sorte de fratricide, et livra sa sœur à l'Autriche, l'Allemand laissa le *Bucentaure* immobile sur sa cale couverte. Dès que Venise fut annexée à cette dépendance de l'Empire français qui se nommait le Royaume italien, Napoléon Ier décida que l'or qui servait à la décoration du navire du doge serait mis en lingot et envoyé à la monnaie de Milan. On démonta donc complètement toute la partie supérieure, les œuvres qu'on n'avait jamais eu tant de raison d'appeler mortes. Pour recueillir plus facilement le précieux métal, on réduisit en cendres ces planches sculptées qu'on avait si longtemps considérées comme le palladium de la liberté! La carcasse fut complètement rasée, armée de bouches à feu, et mouillée à l'entrée du port, pour le défendre contre une escadre anglaise. Afin de dérouter l'esprit public, on débaptisa le navire mutilé, on lui donna un nom insignifiant, destiné à déguiser tant de glorieux souvenirs!

Lorsque l'Autriche prit une seconde fois possession de Venise, ce qui restait du *Bucentaure* continua pendant quelques années à servir pour la défense du port. Mais, l'esprit national tendant à se réveiller, le Conseil aulique prit peur de ce fantôme. On le condamna définitivement en 1824. Il paraît qu'il reste encore un tronçon du mât au sommet duquel a flotté si longtemps la bannière rouge au Lion d'or de saint Marc, et quelques débris de la carène, conservés par des gondoliers.

En 1867, lorsque Victor-Emmanuel fit son entrée triomphale à Venise, que la France lui abandonnait, il était monté sur une galère royale que rien ne distinguait que sa grandeur des barques municipales des autres villes de l'État vénitien.

La ville de Londres possède encore son *Bucentaure*. C'est la barge qui sert chaque année à la procession du lord-maire, le doge de cette nouvelle Venise.

Mais la ville maritime par excellence, qui doit toute sa prospérité au commerce, est loin d'avoir montré la même prodigalité pour la gondole du lord-maire que pour ses célèbres carrosses. On ignore l'époque à laquelle le lord-maire contracta l'habitude de revenir par eau de Westminster. Ce qu'il y a de certain, c'est que pendant des siècles sa barque fut tout à fait indigne du premier magistrat municipal d'un grand royaume. Les comptes de la Compagnie des Épiciers contiennent en 1456 l'indication d'un payement fait pour la location du bateau qu'on avait occupé pendant quelques heures. En 1533 le lord-maire alla en procession maritime au-devant d'Anne de Boleyn, qui était à Greenwich, mais les barques de ce personnage et de toutes les corporations de la Cité avaient été louées à des bateliers pour la circonstance. C'est seulement en 1656, c'est-à-dire après deux cents exhibitions annuelles, que les épiciers de la Cité comprirent qu'il était indispensable de posséder une embarcation officielle. En conséquence, ils se décidèrent à voter, pour la première fois, les fonds nécessaires à sa construction, ainsi qu'à l'entretien d'une maison où elle fût placée à l'abri des intempéries de l'air.

Quoique nous ne nous soyons point proposé la tâche de retracer l'histoire de tous les vaisseaux célèbres, nous ne pouvons nous empêcher de dire quelques mots de celui qui existe dans nos armoiries municipales, et qui joue un rôle si important dans nos cérémonies publiques. Est-il bien nécessaire de faire remarquer que ce bâtiment, dont on a multiplié à tel point l'image, n'a jamais en une existence plus réelle que celle de la barque à Caron, et n'a jamais été ballotté que par des flots imaginaires ?

Il y a une trentaine d'années, on a publié aux frais de la grande cité, afin de découvrir l'origine de ce symbole, deux énormes volumes *in-folio*, dont l'édition a coûté plus que la construction d'un trois-mâts. Malgré de si dispendieux efforts, la question est restée des plus obscures. On suppose que cette allégorie provient de la forme de l'île de la Cité, qui ressemble en effet à un vaisseau dont la proue serait placée à l'ancien îlot des Vaches, et dont la poupe serait figurée par le jardin de l'archevêché. Mais quelques érudits peuvent soutenir encore que notre vaisseau municipal est une réminiscence de celui d'Isis. En effet, il paraît prouvé que, bien avant l'arrivée des soldats de César sur les bords de la Seine, près de l'île des Parisiens, se trouvait un temple consacré au culte de cette déesse, dont nous allons parler plus longuement. Car c'est peut-être à ses pontifes que nos ancêtres ont dû les premiers éléments d'une civilisation rudimentaire, dont nous avons profité d'une façon glorieuse, malgré nos fautes.

CHAPITRE III

LES VAISSEAUX DES PHARAONS

Les Égyptiens attribuaient à Isis l'invention de la navigation, dans un élan de douleur et de piété conjugale. Leurs prêtres enseignaient que le premier bâtiment qui ait jamais été construit était celui que la déesse avait employé pour rassembler les diverses parties du corps de son divin époux, dispersées par le meurtrier dans toutes les provinces, alors couvertes par les eaux du Nil. Ce navire, sacré par sa destination, aussi bien que par son origine, était resté le plus célèbre de tous. Suivant la tradition sacerdotale, il était d'une légèreté merveilleuse,

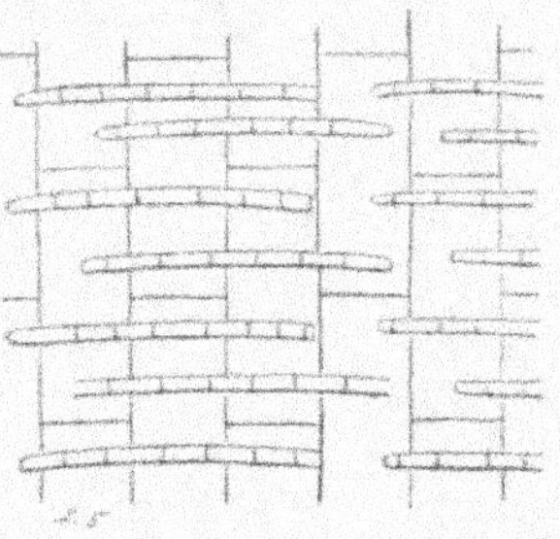

Assemblages primitifs des pièces de bois formant un navire.

qui n'a sans doute été atteinte qu'une seule fois dans notre pays, depuis cette époque si reculée jusqu'à nos jours. Lorsque M. de Wogan eut l'idée originale de construire le canot de papier à l'aide duquel il exécuta son excursion, racontée avec tant de verve et de brio dans son charmant volume de la *Bibliothèque des voyages illustrés*, notre ingénieux compatriote ne se doutait pas qu'il était un plagiaire de la triste déesse.

Depuis les temps les plus anciens les Égyptiens ont fait usage de l'embarcation attribuée à Isis, et dans laquelle les feuilles de papyrus étaient remplacées par des bandelettes fournies par la même plante. Cette habitude avait en effet un immense avantage, que ces peuples étaient à même d'apprécier mieux que les autres, à cause de la configuration géographique de la grande artère flu-

Les vaisseaux des pharaons avaient une vergue.

viale dont la singulière région qu'ils habitent semble n'être qu'une dépendance.

En effet, on sait que le Nil est séparé en plusieurs bassins isolés par des cataractes, dont quelques-unes ne peuvent être franchies qu'à l'aide de portages, ne présentant aucune difficulté si l'on choisissait, dans la fabrication des barques, des matériaux suffisamment légers.

Cette particularité offerte par la construction des bateaux du Nil avait tellement frappé l'imagination des étrangers, qu'elle a donné lieu à des contes ridicules.

Procope, historien célèbre à qui on doit une chronique fort intéressante sur Justinien, dont M. Sardou a tiré récemment parti dans la composition de *Théodora*, prétend que les navires employés à la navigation des mers de l'Inde sont formés de pièces de bois solidement cousues ensemble. Il faut penser que les chroniques de la cour de Byzance ont un plus grand degré de réalité que ses descriptions techniques de l'architecture navale des pharaons, car il ajoute que ces pièces assemblées d'une façon si étrange sont assujetties d'une manière admirable. « Les joints, dit-il, sont si bien assemblés, que les constructeurs n'ont jamais

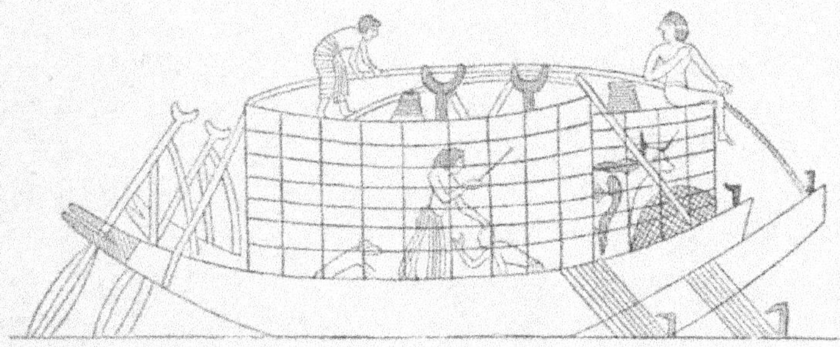

Quelques-uns de leurs bateaux étaient géminés. (Voir p. 51.)

besoin de les imperméabiliser, en les recouvrant de matières grasses ou bitumineuses. »

Les vaisseaux gravés avec un soin minutieux sur le granit, et représentés sur une multitude de bas-reliefs, donnent un énergique démenti à toutes ces fables. Ils prouvent, bien au contraire, que les Égyptiens se rendaient admirablement compte de la résistance qu'il est nécessaire de donner aux bordages. Les procédés employés par les constructeurs de Sésostris ne seraient pas désavoués par les ingénieurs des grands chantiers de Liverpool ou du Havre. Les détails sont reproduits avec tant de précision, qu'on reconnaît avec surprise que les ouvriers égyptiens devaient

3

découper les pièces de bois d'après un patron fabriqué une fois pour toutes. On voit qu'ils ménageaient à l'avance les trous destinés à recevoir les boulons, très bien forgés, avec lesquels ils exécutaient, sans peine, d'excellents assemblages.

Une multitude de détails de mœurs, qui nous sont parvenus, grâce aux Hypogées et aux Pyramides, montrent que l'art de la navigation était arrivé à un véritable raffinement, bien des siècles avant le jour où les pêcheurs de l'Armorique avaient commencé à affronter les tempêtes de l'océan. Quand nos ancêtres avaient peine à construire des barques, les pharaons possédaient une marine assez perfectionnée pour que leurs ingénieurs se préoccupassent, dans leurs plans, de l'usage auquel les divers bâtiments qu'ils mettaient en chantier devaient être employés.

Leurs navires de guerre ne se bornaient pas, comme ceux des sauvages, à transporter des armes, des guerriers et des munitions de bouche. Il y avait dans ceux que montait Sésostris, comme dans les nôtres, des chevaux, des mulets, et même des chariots destinés aux transports militaires. Quelques-uns étaient géminés, de manière à augmenter la capacité de leur cale et à les empêcher de chavirer pendant la tempête.

Les Égyptiens ont également pratiqué avec succès l'art de faire avancer les bateaux les plus pesants contre le courant d'un fleuve plus impétueux que notre Rhône. Leurs tombeaux nous fournissent encore la preuve qu'ils obligeaient leurs esclaves à tirer un grelin de toute leur force en marchant le long d'un chemin de halage. On peut se convaincre que cette grande industrie des transports le long des cours d'eau et des canaux n'a pas fait de progrès sérieux depuis les pharaons jusqu'au jour où nous avons pu y appliquer la vapeur.

Nos arrière-grands-pères n'avaient pas des coches d'eau meilleurs ou plus rapides que ceux des momies aux yeux d'émail dont nous admirons les cercueils au musée du Louvre!

Dans les navires de guerre, les précautions les plus minutieuses
étaient prises pour rendre la défense facile et l'attaque formidable.
Au sommet du mât se trouvait une sorte de tonneau, semblable
au nid de corbeau dans lequel se placent les pilotes du pôle Nord,
pour avertir de l'approche des glaces et pour découvrir les voies
d'eau par lesquelles on peut se tirer d'une position difficile. C'est

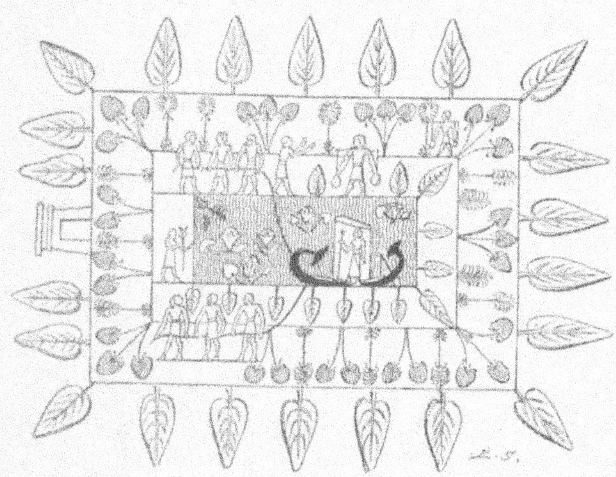

Leurs esclaves s'attelaient à un grelin.

dans ces espèces d'observatoires que les vigies se tenaient pour
signaler les navires auxquels on pouvait donner la chasse.

Lorsque l'ennemi était à portée, la place des vigies était prise
par des frondeurs qui, de cette station élevée, envoyaient sûrement leurs projectiles à une distance beaucoup plus grande que
s'ils fussent restés simplement sur le pont du navire. A l'avant et
à l'arrière il y avait une véritable forteresse, où se groupaient les
archers formant la garnison du bord.

Les rameurs étaient protégés par de hauts bordages, arrêtant
les projectiles, que l'on dirigeait sur eux de préférence, car la

désorganisation de la chiourme de l'ennemi était le but principal des manœuvres d'un habile capitaine.

Les dimensions de ces navires de guerre étaient considérables, car on a découvert le dessin d'une grande galère qui n'avait pas moins de vingt-deux rangs de rames : aussi n'est-il pas étonnant que les mâts, les vergues et les voiles de semblables bâtiments eussent des proportions semblables à quelques-uns de nos navires modernes, de petit ou de moyen tonnage. Ces mâts avaient des dimensions telles qu'on pouvait leur donner deux vergues ; alors la voile avait de véritables écoutes. Pour la border, les matelots devaient employer une méthode semblable à celle de nos gabiers modernes. Un point qui est encore resté obscur, c'est de savoir s'ils se servaient de poulies folles pour dresser ou amener leurs vergues, ou si leurs drisses passaient dans l'œillet d'une poulie dormante, fixée à la tête de leur mât. Mais ce qui n'est pas niable, c'est que cette machine simple, qui sert de base à toute manœuvre maritime, leur était parfaitement connue, et que, par conséquent, ils étaient à même de donner un gréement sérieux à leurs navires. En effet, le musée de Leyde possède une poulie très bien conservée, extraite, devant témoin, d'un tombeau où elle fut placée bien avant le commencement de l'ère chrétienne.

Leurs vergues étaient certainement faites de plusieurs morceaux assemblés avec soin. Elles étaient de dimensions assez grandes pour que leurs marins courussent dessus comme les nôtres, lorsqu'ils avaient des ris à prendre dans les huniers. Ils employaient même dans la construction de leurs voiles un soin et un luxe qui sont depuis longtemps passés de mode. En effet, leurs immenses surfaces ne servaient pas seulement, comme aujourd'hui, à prendre le vent, mais à montrer le luxe et la richesse du propriétaire du navire. Pline rapporte que le vaisseau dans lequel Antoine et Cléopâtre allèrent à la bataille d'Actium avait une voile de pourpre. Cette pratique coûteuse et somptueuse n'était pas seulement, comme on serait porté à le croire, une invention des Lagides, mais une coutume véritablement nationale. Les bas-reliefs des temples montrent que les vergues étaient quelquefois chargées de soutenir de luxueux tapis, comparables peut-être à ceux que l'on fabrique aux Gobelins.

Les bateaux sacrés, dont les Égyptiens faisaient un si grand usage dans les fêtes, étalaient ainsi, lorsque les voiles étaient gonflées par le vent, des emblèmes, des dessins symboliques appropriés aux circonstances : les flatteurs des princes avaient donc un champ bien vaste pour démontrer leur esprit adulatif.

Leurs voiles étaient décorées comme nos belles tapisseries.

En négligeant de renouveler cette partie du cérémonial des pharaons, les monarques orgueilleux de l'Europe moderne ont renoncé à un moyen simple et facile de témoigner de leur magnificence.

Ces vaisseaux de parade n'effaçaient pas seulement le *Bucentaure* par leur splendeur, mais aussi par leur taille. Le vaisseau de fête de Sésostris avait 420 pieds de longueur.

Non seulement les rois faisaient usage, sur le Nil, de ces bâtiments merveilleux, mais ils les employaient sur les fleuves des Enfers, où ils se rendaient triomphalement accompagnés de leurs esclaves, après leur mort.

Un célèbre bas-relief, trouvé dans une nécropole de Memphis, nous montre un pharaon arrivant en cet équipage devant le dieu chargé de se prononcer sur les mérites de ses actions ; la barque est menée par des rameurs, continuant dans l'autre monde le métier qu'ils ont exercé dans celui-ci ; afin de bien montrer la puissance de l'illustre défunt, les âmes des autres esclaves qui lui font cortège sont employées à pêcher dans le Nil des poissons singuliers, possédant un pouvoir mystérieux étrange. Ils prennent des silures et des espèces analogues, jouissant du pouvoir singulier de distiller la foudre, et qui frappent la proie dont ils se nourrissent, de la même manière que le Jupiter des Grecs atteint avec ses redoutables carreaux ses ennemis à distance.

Sur les monuments du règne de Sésostris on trouve la preuve incontestable du rôle imposant que la marine égyptienne, de commerce et de guerre, a joué dans le degré de puissance auquel était arrivé son empire ; et la même chose peut se dire des rois qui ont régné après lui jusqu'à la décadence. Ce prince illustre n'était pas encore monté sur le trône, que les grandes nations maritimes du temps avaient voulu profiter des troubles qui agitaient l'Égypte. Soudainement, sans aucune déclaration de guerre, les Étrusques et les Libyens avaient effectué un débarquement sur les côtes du Delta. Sésostris leur inflige une défaite si sanglante qu'ils ne figurent même pas dans la guerre que les peuples de l'intérieur de l'Asie lui firent plus tard. Son successeur eut la gloire de repousser d'une façon définitive une nouvelle invasion tentée par ces deux peuples. Il détruisit leur flotte dans une grande bataille navale dont le dessin a été conservé intact. Les vaisseaux des Égyptiens sont faciles à reconnaître parce qu'ils portent à l'avant une tête de lion. Afin de ne pas gêner les combattants, leurs voiles ont été soigneusement carguées. Dans quelques-uns de ces nids de corbeau se trouvent les vigies, qui ont plus que tout autre

combattant contribué à la victoire. En effet, leur œil vigilant a
suivi de loin les mouvements des barbares.

Le roi est représenté debout sur un monceau de cadavres; au-
dessus de sa tête voltige l'oiseau sacré de la déesse du Nord, qui

Un pharaon naviguant sur les fleuves des Enfers.

le protége. Un peu plus haut, une inscription hiéroglyphique
témoigne de la reconnaissance du pharaon pour son céleste pro-
tecteur. Devant lui est un corps d'archers, qui, postés sur le rivage,
percent l'ennemi de leurs flèches et achèvent ainsi la victoire.
Les barbares portent autour de la tête une parure de plumes

semblable à celle des Peaux-Rouges. Ils sont cernés, poussés et massacrés : on en fait un véritable carnage. Dans la partie inférieure de cette composition on voit ce que deviennent les infortunés auxquels le pharaon fait grâce. Ils sont conduits en captivité dans les prisons qui leur serviront de bagnes éternels, à moins qu'ils ne consentent à s'engager dans les troupes royales.

On se tromperait de la façon la plus grossière si l'on s'imaginait que les compatriotes de Platon et de Socrate ont imité l'indifférence de ceux de Confucius pour les régions lointaines. Leur orgueil n'a jamais été jusqu'à mépriser l'Orient, pour lequel ils éprouvaient une invincible attraction. Elle se traduisait même par une crédulité blâmable, et ils accueillaient avec une bonne volonté singulière tous les contes qu'on leur débitait à propos de contrées qui excitaient leur curiosité à un point que l'on ne peut décrire. Dans son expédition des bords de l'Indus, Alexandre a donné satisfaction à un désir national, allumé depuis des siècles, de conquérir ces régions, dont la richesse a toujours paru inépuisable.

Les Hellènes prétendaient même que c'était un pilote de leur nation, nommé Harpalus, qui avait découvert la route maritime de l'Inde, à une époque sur laquelle leurs historiens ne fournissaient aucun renseignement, tant elle se perdait dans la nuit du passé.

Ce grand navigateur aurait heureusement abordé aux côtes de l'Inde après une navigation rapide due à la mousson du sud-ouest. Il en serait revenu également d'une façon très facile à l'aide de la mousson opposée ; afin de conserver le souvenir de cet exploit maritime, les Grecs ont appelé de son nom le courant aérien qui portait leurs navires vers ces pays lointains, si féconds en merveilles.

La conquête de l'Égypte par Alexandre et l'établissement d'une dynastie grecque sur les bords du Nil n'étaient pas de nature à paralyser cet élan. Il en fut de même de la conquête romaine, qui s'étendit, pour ainsi dire indirectement, sur toute l'étendue de la mer Rouge, où les Césars dominaient d'une façon presque aussi absolue que l'Europe à cette heure.

On en trouve la preuve dans Strabon, qui décrit avec soin un grand nombre de stations maritimes avec lesquelles il était aussi familier que pourrait l'être un géographe de nos jours. En effet, il les avait visitées en compagnie d'un préfet de l'Égypte, alors en tournée administrative.

Le commerce avec l'Inde n'avait pas lieu d'une façon désordonnée, abandonnée au hasard, mais c'était une grande industrie maritime, qui avait son personnel, son matériel et ses traditions, ainsi que ses routes connues. Il paraît cependant que les galères égypto-romaines n'allaient point jusqu'aux extrémités orientales de l'Asie, et qu'elles n'ont point atteint les embouchures du fleuve Jaune ou du Yang-tse-kiang. Très probablement les ports du Tonkin leur servaient d'intermédiaires, de sorte que par notre occupation de cette riche contrée nous ne faisons que rendre au commerce européo-chinois les voies qu'il suivait à l'époque où Strabon inspectait le port romain auquel répond aujourd'hui la rade de Cosséir.

Le célèbre géographe nous apprend que là il a vu, à la fois, cent vingt navires qui tous avaient fait le voyage de l'Inde. Il a pris soin d'interroger les capitaines, et c'est à eux qu'il doit la majeure partie des renseignements qu'il nous transmet ; mais il sent le besoin, en auteur sincère, d'avertir ses lecteurs que la source des documents qu'il leur transmet est suspecte. En effet, il a reconnu sans peine que ces marins sont des hommes illettrés, qui n'ont parcouru qu'une faible partie des régions immenses qu'ils décrivent, de sorte que la plupart de leurs assertions n'ont que la valeur de simples racontars.

Sous le règne de Claude, un auteur dont le nom n'a pas été conservé publia le récit d'un périple de la mer Rouge, et l'on reconnaît encore les principaux traits de la géographie physique contemporaine dans ce morceau, qui ne peut être considéré comme un simple roman géographique.

On retrouve sous le nom d'Adulis l'île de Massaouah, où les Italiens ont lutté avec tant de peine contre les troupes du négus, et le détroit de Bab-el-Mandeb sous celui de la porte de l'Affliction. La côte voisine est encore aujourd'hui célèbre par le grand commerce d'encens que l'on y fait, et le cap Guardafui, aussi redoutable qu'il l'était alors, mériterait certes de nos jours le surnom de cap des Aromates. L'amiral Jurien de la Gravière, qui a souvent parcouru ces parages, croit y avoir retrouvé l'embouchure d'un fleuve alors sujet à des crues semblables à celles du Nil, une plage bordée de brisants, et un petit bois de lauriers devant lequel s'était arrêté l'auteur du périple. Si l'abondance des eaux du Sohal a diminué depuis l'époque où le hardi marin s'y est désaltéré, ce n'est point un fait exceptionnel dont il faille s'étonner : il a été constaté sur un grand nombre de fleuves secondaires de l'Afrique; partout, en effet, les montagnes voisines de la côte, où ces cours d'eau prennent leur source, ont cessé de leur envoyer leurs naïades. Leurs flancs, déshonorés par la hache des bûcherons, sont devenus d'une aridité effroyable.

Sous le règne de ce même empereur, le préfet de l'Égypte fit traverser le territoire égyptien au capitaine romain Amnésius Plocamus, chargé d'obliger les tribus qui habitaient ces régions éloignées à payer impôt à l'empire. Pour s'acquitter de sa mission, Plocamus alla jusqu'au cap des Aromates ; mais la mousson du sud-ouest, ayant saisi son bâtiment, l'entraîna malgré lui au large. Après une pénible navigation longue de deux mille milles, rendue intolérable par la soif et l'incertitude, Plocamus aborda par hasard à l'île de Tabropane. Il avait découvert l'île de Ceylan, la perle de l'Inde ancienne et moderne.

Le percepteur de César trouva dans ce pays un peuple riche, industrieux et affable. Le rajah qui gouvernait lui fit un magnifique accueil.

Comme son navire avait été brisé par la tempête, il lui en donna un autre pour retourner dans son pays, et le fit accompagner par quatre ambassadeurs chargés de présents pour l'empereur de la Ville Éternelle. Pline parle de cette ambassade, qui produisit une sorte d'éblouissement sur les contemporains, surpris de voir que des peuples si distants du Janicule possédaient tant de richesses.

D'après des recherches récentes, il paraît que les Chinois eux-mêmes ont eu à plusieurs reprises des rapports directs avec Rome; mais ces rapports, qui n'ont jamais été établis que d'une façon transitoire, ne se sont pas produits par l'océan Indien, comme ceux que Strabon a décrits d'une façon si intéressante. C'est probablement la Caspienne qui a servi à abréger le chemin des caravanes.

L'apparition des vaisseaux européens dans les mers de Chine paraît être un événement tout récent, qui ne date pas de plus de quatre siècles. C'est à la fin du règne de la dynastie des Ming que les Portugais, non contents d'aborder au Tonkin comme les vaisseaux des Césars, ont jeté l'ancre à l'embouchure du fleuve Bleu et du fleuve Jaune. Mais ils y étaient arrivés par une voie bien différente de celle qu'avaient suivie, pour aller jusqu'en Indo-Chine, les capitaines des pharaons et ceux des Césars. L'occupation de l'Égypte, de la Syrie et de l'isthme de Suez par les enfants du Prophète ayant fermé les routes de la navigation antique, les conquêtes des Tartares ayant coupé la route des caravanes, on employa exclusivement la route nouvelle du Cap de Bonne-Espérance.

Certes nous donnerons plus tard l'histoire de ces navires pionniers, dont les aventures ont été célébrées par des poètes

dont le génie n'est point inférieur à celui d'Apollonius ou de
Valerius Flaccus; mais il ne nous est pas permis de passer sous
silence la flotte que Hannon conduisit à six cents lieues des
Colonnes d'Hercule, le long de la côte d'Afrique.

A peine si nous connaissons autre chose que le nom de ce
chef illustre. Le temps exact où il vivait est même resté un
mystère. On ne sait rien de ses lieutenants. Les auteurs grecs
n'ont laissé aucun détail sur les navires qu'il guida avec tant
d'audace et de bonheur.

De cette grande expédition, dans laquelle la république avait
concentré toutes ses forces, il ne subsista, paraît-il, d'autres restes
que les peaux de quelques gorilles, exposées dans le temple de la
déesse, et qu'adoraient les éternels ennemis du nom romain.

Mais il paraît que la côte occidentale a conservé des traces du
passage des voyageurs qui en avaient exploré les détours. Si
Junon avait pu obtenir la victoire pour les hardis marins se
prosternant devant ses autels, si la ville fondée sous ses aus-
pices n'avait disparu à la suite des guerres puniques, il est très
probable que la civilisation antique aurait pénétré sur ces côtes
barbares, et que, de proche en proche, un peu de lumière aurait
éclairé ces tribus écrasées sous le poids d'une ignorance et
d'un abrutissement séculaires.

Honneur aux navigateurs qui ont exécuté vaillamment de si
grandes choses!

CHAPITRE IV

Il n'y a pas actuellement à Rome moins de onze obélisques, sans compter les restes de plusieurs autres qui ont été mis en morceaux par les barbares. Ces monuments ont tous été fabriqués en Égypte, et transportés à Rome sur des navires construits à l'instar des barques dont se servaient les pharaons pour amener si facilement ces monolithes à leur destination définitive. Ces bâtiments avaient naturellement des dimensions qui nous surprennent. Celui dont se servit Caligula avait été construit à Ostie; il fallut commencer par le conduire en Égypte. Pour y parvenir on dut le lester, ce que l'on fit avec mille tonneaux de lentilles.

L'opération paraît avoir réussi sans difficulté, et l'histoire ne dit pas que le transport d'aucun obélisque d'Égypte en Italie ait été accompagné jamais d'un naufrage. Mais, pendant une longue série de siècles, de telles entreprises étaient bien au-dessus des ressources intellectuelles et matérielles dont pouvaient disposer les nations occidentales. Jamais pendant les croisades on ne songea à les recommencer.

Lorsque les Français eurent évacué l'Égypte en 1801, il y avait dans les environs d'Alexandrie deux obélisques, que l'on appelait aiguilles de Cléopâtre, quoique leur construction remontât à

Sésostris, et que la célèbre reine d'Égypte n'eût fait que de les faire venir dans un temple qu'elle avait construit.

Un de ces monolithes était resté debout sur son piédestal, mais l'autre avait été depuis longtemps renversé. Cette circonstance donna au commandant de l'armée anglaise l'idée de transporter cette pierre en Angleterre, pour célébrer la capitulation de notre glorieuse armée d'Égypte.

Une souscription avait été organisée par l'état-major. On avait acheté une vieille frégate française pour la transformer en ponton, et l'on avait commencé la construction d'une jetée destinée à faciliter l'embarquement du monolithe, qui, étant déjà mis à terre, semblait facile à prendre. Mais le gouvernement métropolitain trouva que l'Angleterre n'était pas assez riche pour répéter ce que les Césars avaient fait tant de fois.

C'est aux Français que revient l'honneur d'avoir donné au monde moderne le spectacle auquel les nations civilisées n'avaient point assisté depuis la chute de l'empire romain, et qui était de nature à donner une idée si avantageuse de la nation capable de l'exécuter avec élégance.

En 1829, Méhémet-Ali, roi d'Égypte, voulant s'assurer la bienveillance du roi de France, offrit à Charles X l'obélisque dédaigné. La révolution de Juillet survenant, il fut pendant quelque temps impossible de profiter de l'offre du pacha.

Lorsqu'il s'agit de prendre possession d'un cadeau qui pouvait être considéré comme fort embarrassant, Champollion demanda au prince égyptien de laisser emporter l'obélisque de Louqsor, qui, étant resté sur son piédestal, était dans un état de conservation beaucoup plus satisfaisant. Il avait, en outre, des dimensions plus en harmonie avec l'étendue de la place immense dont il était destiné à occuper le centre.

Méhémet-Ali ayant sans difficulté consenti à la substitution, l'ingénieur français Lebas fut chargé du transport de cette pierre,

de la construction du piédestal et de son érection sur le lieu
qu'elle occupe actuellement.

L'obélisque, que nous possédons depuis plus d'un demi-siècle,
et qui a déjà survécu aux ruines du palais de nos rois, est loin de
surpasser comme hauteur, et par conséquent comme volume, ceux
qu'Auguste et Constantin ont fait successivement transporter dans
la Ville Éternelle.

Il n'atteint même pas celui de Caracalla qui décore aujour-
d'hui la place Navona, ni même celui de l'empereur Théodose,
apporté à Constantinople, et que les Ottomans ont conservé sur la
place appelée At-Méidan.

Cependant le succès d'une opération dans laquelle on avait à
mouvoir un colis long de 22 mètres, et pesant plus de 250 000 kilogrammes, a été considéré comme un grand événement scientifique.

On grava sur le piédestal, en granit rose, un bas-relief représentant le navire qui avait été construit exprès pour transporter
l'obélisque jusqu'à Paris, et qui avait dû naviguer sur le Nil, sur la
Méditerranée, sur l'Océan et sur la Seine, après avoir reçu le précieux monolithe.

On dessina également les opérations nécessaires pour le dresser,
et l'on chercha à éterniser leur souvenir comme étant une partie
essentielle de la gloire de la France.

Orgueil peut-être imprudent! En effet, sommes-nous bien sûrs
que nous ayons employé une mécanique plus perfectionnée que
celle dont les anciens Égyptiens se servaient pour le même but
quand ils érigeaient ces pierres sacrées devant les temples de
Memphis ou de Thèbes? Qui nous prouve que dans quelques
siècles, si Paris échappe au destin funeste de ces grandes métropoles, nos descendants ne verront pas avec pitié cette preuve
de la naïveté des moyens rudimentaires dont se contentaient nos
ingénieurs?

Mais, quoi qu'il puisse arriver, nous pouvons nous consoler d'avance, en songeant que ce n'est pas sans peine et sans difficulté que notre exemple a été suivi, bien des années plus tard, par une nation rivale.

Ne voulant pas exciter la jalousie des Anglais, Méhémet-Ali leur offrit de leur laisser emporter l'aiguille qui restait disponible à Alexandrie, comme, en 1801, après l'évacuation de l'Égypte par l'armée française. Mais, apprenant que le gouvernement de Juillet avait dépensé deux millions de francs pour l'opération dirigée par Lebas, le chancelier de l'Échiquier de Sa Majesté britannique déclina poliment la proposition gracieuse.

Toutefois, désireux de montrer jusqu'à quel point il était désireux de voir les Anglais accepter ce présent, Méhémet-Ali continua à considérer l'aiguille de Cléopâtre comme leur appartenant, les prévenant de temps en temps qu'elle était à leur disposition, et qu'ils n'avaient qu'à l'envoyer prendre.

Les critiques que Byron avait lancées contre lord Elgin, qui dépouilla le Parthénon de ses marbres pour enrichir le Musée Britannique des chefs-d'œuvre de Phidias, avaient-elles porté leur fruit? Le dépit d'avoir été devancé par les Français leur faisait-il méconnaître l'intérêt de posséder à Londres l'aiguille de Cléopâtre? Il fut impossible de les décider, pendant tout le règne de Louis-Philippe, à prendre livraison de leur pierre. Méhémet-Ali mourut sans que l'obélisque quittât Alexandrie.

Cependant, en 1851, le ministère comprit la nécessité de sortir d'une situation aussi ridicule. La Chambre des Lords adopta un projet de loi accordant les fonds nécessaires pour transporter enfin l'aiguille. Après avoir obtenu ce premier succès, lord Aberdeen envoya le bill aux Communes.

Mais le député radical Humes fit une telle opposition que le gouvernement renonça à une dépense ridiculisée par ce Caton. La question de l'obélisque faillit faire tomber le ministère. Jamais

l'ours de la fable n'avait lancé à l'amateur des jardins une pierre
de cette taille.

En 1867 le khédive finit par vendre à un marchand grec, nommé
Dimitri, la propriété du terrain sur lequel se trouvait l'aiguille.
Celui-ci écrivit au consulat britannique d'Alexandrie pour l'avertir
que si l'on n'enlevait cette masse qui l'empêchait de jouir de sa
propriété, il allait la débiter en morceaux et la vendre en détail,

Emballage de l'aiguille de Cléopâtre. (Voir p. 50.)

comme pierre à bâtir. Shylock n'avait jamais fait une proposition
plus désagréable à son débiteur de Venise, mais le ministère
n'avait pas d'argent, et M. Hunes vivait encore.

Cet acte de vandalisme se fût donc accompli en plein dix-
neuvième siècle, si le général James Edwards Alexandre ne s'était
dévoué à la noble tâche d'éviter un déshonneur éternel à sa
patrie.

Le Bureau métropolitain des travaux publics n'intervint que

pour accorder à ce brave officier le terrain sur lequel devait reposer l'obélisque chassé d'Alexandrie par le marchand grec, générosité peu dispendieuse.

Il fallut que le général fournît de ses deniers la somme nécessaire au transport à Londres d'un monument rappelant les événements militaires les plus heureux pour l'Angleterre. Tout fut anormal, bizarre, singulier dans cette étrange affaire. M. Dixon, chargé de l'opération, l'entreprit à forfait, pour une somme qui devait être payée d'un seul bloc le jour où le colis arriverait le long des quais de la Tamise. Pas d'obélisque, pas d'argent, le transport ayant lieu aux risques et périls de l'expéditeur. Il n'était pas, il est vrai, stipulé d'indemnité dans le cas où la pierre sombrerait dans le fond de la Méditerranée ou de l'Atlantique. Bien mieux valait braver une catastrophe que de livrer un monument si précieux à la scie, dont les grincements se seraient longtemps entendus dans l'histoire.

Mais, stimulé par les conditions qui lui étaient imposées, l'entrepreneur anglais prit des mesures à la fois très énergiques et très sages, auxquelles il n'aurait pas songé s'il avait eu à sa disposition un petit million pour construire un nouveau *Louqsor*. Il commença par soulever le monolithe avec des crics, de manière à glisser l'une après l'autre une série de rondelles en tôles épaisses et percées d'un trou au centre. Quand tout fut terminé, l'aiguille se trouvait supportée de la façon la plus économique et la plus simple. Autour de ces disques perforés M. Dixon construisit un bordage circulaire ressemblant aux côtés d'un gigantesque tonneau, qu'il ne restait plus qu'à faire rouler jusqu'aux bords de la mer, après lui avoir mis deux fonds imperméables.

Autant on avait été long à se décider à mettre la main à l'œuvre, autant on agit avec énergie et confiance.

Les plaques de fer arrivèrent démontées à Alexandrie au commencement de juin, et le 8 août on commençait à pousser vers la

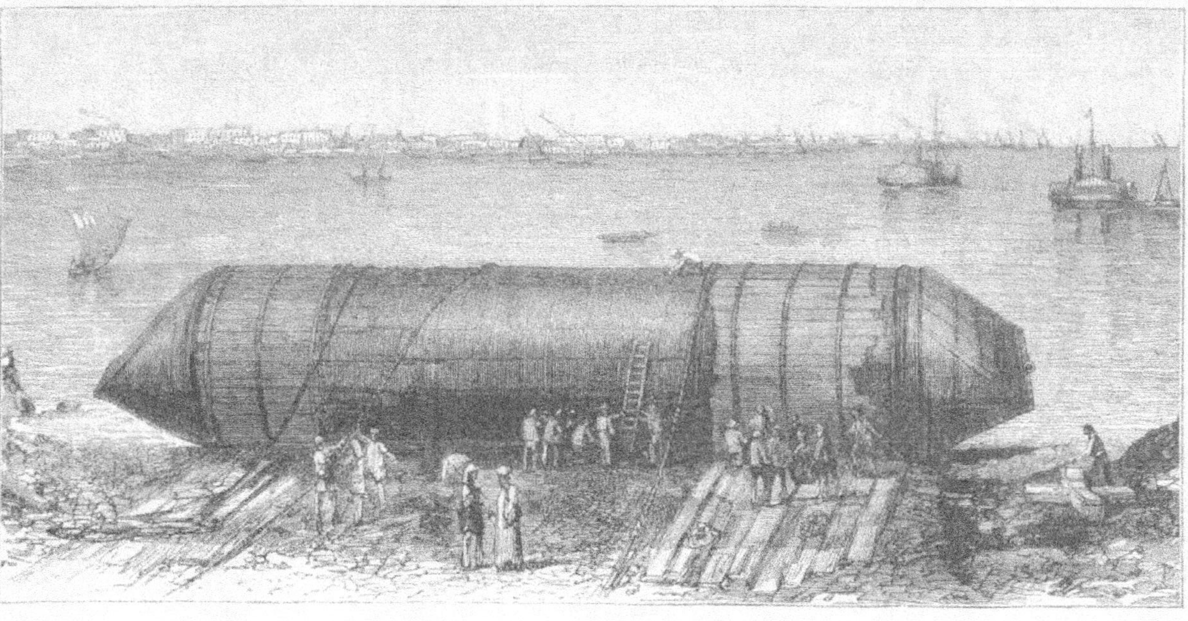

Lancement de la *Cléopâtre* à Alexandrie.

mer le tube en tôle, fermé par les deux bouts, dont notre dessin permet d'apprécier les colossales dimensions.

Mais ce transport économique ne devait pas être aussi paisible qu'on pouvait le supposer.

Les ouvriers avaient à faire rouler leur immense cocon cylindrique pendant une distance assez grande. Malheureusement il se rencontra sur le parcours une roche aiguë, que l'on n'avait pas suffisamment aplanie, et qui entra profondément dans la peau de la *Cléopâtre*; c'est seulement après avoir arraché *cette dent* et réparé la cicatrice qu'on put continuer à s'approcher du bord de la mer.

Le cylindre n'arriva en pleine eau que le 7 septembre. Alors on le traîna dans un des docks du khédive, et l'on procéda au gréement de ce singulier navire. On fit choix de la partie qui devait figurer la cale, on la lesta, pour éviter qu'elle ne tournât sens dessus dessous, puis on construisit à l'arrière une sorte de château de poupe, destiné au logement de l'équipage.

Le bâtiment dont on accoucha ainsi ressemblait beaucoup à celui qui dort à l'ancre près du pont de la Concorde, et qui porte les débris d'un chêne immense, témoin irrécusable de la puissance de la végétation gauloise à l'époque où l'on taillait dans le granit l'aiguille de Cléopâtre.

Les ingénieurs et les marins avaient tellement confiance dans les qualités nautiques de la *Cléopâtre*, qu'on ne crut pas qu'il fût nécessaire d'attendre le beau temps, ni de choisir un remorqueur doué de qualités exceptionnelles. On prit, au hasard, un steamer qui se contentait d'un fret modéré, et qui se nommait l'*Olga*.

L'expédition prit la mer le 14 septembre, et fut assaillie le 21 octobre, dans le golfe de Biscaye, par une tempête d'une violence extraordinaire.

La mer était si mauvaise que la *Cléopâtre* fit plusieurs fois mine de chavirer comme un simple torpilleur. D'autres fois, elle

plongea tantôt par l'avant, tantôt par l'arrière. Enfin une vague
la lança avec tant de fureur contre l'*Olga*, qui donnait la remorque,
que le capitaine se crut obligé de couper le câble, et de l'abandonner à la grâce de Dieu.

Immense fut le désappointement des Anglais lorsque le capitaine de l'*Olga* apprit que la *Cléopâtre* avait sombré. Alors, pour
la première fois, on comprit que s'il est beau de ne pas gaspiller
l'argent, il n'est pas noble de faire preuve d'une lésinerie qui
serait peu digne d'une nation moins riche que ne l'est un peuple
n'ayant point encore eu à payer ses cinq milliards.

Cependant tout le monde ne fut point entraîné par la panique,
le Lloyd ne cessa pas un instant d'avoir une confiance inébranlable dans la fortune de la *Cléopâtre* et dans la solidité de la
construction imaginée par M. Dixon. Au plus fort de l'épouvante
les compagnies d'assurances signèrent des contrats de garantie
à 30 pour 100.

Neptune récompensa cette hardiesse d'une façon magnifique.

En effet, huit jours ne s'étaient point écoulés depuis l'alerte,
que l'on apprenait à Londres la grande nouvelle du sauvetage.

Pendant tout le temps qu'elle avait été abandonnée à elle-même,
la *Cléopâtre* avait continué sa route, mais elle n'avait marché que
de 90 milles, tandis que presque toute l'Angleterre se lamentait
sur son malheureux sort.

La tempête s'étant apaisée, le *Firpatrick* n'avait eu aucune
peine à attacher une amarre au navire abandonné. Il le conduisit
au Ferrol, où, le 16 janvier 1878, l'*Anglia* vint le chercher et le
conduire dans la Tamise.

Pour assurer cette navigation contre tous les hasards, on avait
pris toutes les précautions négligées par l'*Olga*. L'*Anglia* était le
plus puissant remorqueur de toute la Tamise. Les machines pouvaient, en cas de besoin, donner une force motrice de 700 che-
vaux-vapeur. On avait embarqué un câble d'une longueur énorme,

qui n'avait pas moins de 35 centimètres de diamètre. En outre, on avait organisé un système de signaux, pour que l'équipage de la *Cléopâtre* fût en communication constante, nuit et jour, avec celui de l'*Anglia*.

Mais cette fois le passage fut excessivement heureux, on n'eut jamais que des vents très faibles, presque nuls. La plupart du temps, la surface de l'océan resta polie comme un véritable miroir. La nuit, la lune brillait avec une lumière argentée, pareille à celle qui accompagnait Antoine et Cléopâtre dans leurs excursions galantes.

Aussitôt que la *Cléopâtre* arriva à Gravesend, elle fut assiégée par un nombre infini d'embarcations. C'était par faveur exceptionnelle que l'on était admis à bord, et surtout dans la cale, afin d'admirer de plus près ce bijou égyptien, pour lequel l'Angleterre se prenait tardivement d'admiration.

Le plaisir le plus fashionable était de se glisser, comme les rédacteurs du *Graphic* et des principaux journaux anglais, entre les parois du grand tube de 90 pieds de long, de 16 pieds de diamètre, et l'aiguille qu'il apportait de si loin. Le *Graphic* a publié un dessin de ce singulier voyage, et le *Times* des correspondances de « dessous l'obélisque ».

Depuis une vingtaine d'années que ces événements se sont écoulés, ils sont complètement oubliés. Personne, parmi les innombrables passants qui contemplent l'aiguille dans le lieu qu'elle occupe, ne se rend compte des dangers qu'elle a courus avant de devenir un des plus beaux ornements des quais de Londres, et surtout des dédains qu'elle a essuyés avant d'être adoptée par la population de la métropole britannique.

D'après ce que nous savons du symbolisme de la mythologie égyptienne, ces grandes aiguilles de granit étaient employées spécialement à rappeler la gloire des princes qui les avaient élevées, et à éterniser le souvenir de leurs grandes actions.

Comme ils étaient consacrés au Pouvoir créateur, et servaient à mesurer la longueur des ombres portées par le soleil, aucun hommage ne pouvait être plus digne des grands princes.

Sous certain point de vue, on peut dire que les promesses faites à ces illustres monarques, au nom des dieux qu'on adorait alors dans la vallée du Nil, ont été acquittées d'une façon merveilleuse. En effet, au lieu d'être ensevelies dans les sables du désert, ces inscriptions s'étalent triomphalement au milieu des grandes capitales du monde moderne. Des érudits du plus haut mérite sont parvenus à en pénétrer le mystère. Leur présence au milieu des splendeurs de notre science est une élégante et solennelle affirmation de la solidarité humaine. Elle montre que nos sociétés contemporaines ne renoncent à aucune parcelle de la gloire de l'humanité, et qu'elles réclament l'héritage des premières agglomérations d'êtres pensants qui, dans la nuit des âges écoulés, ont cherché à faire régner le Bien et le Beau sur la terre.

CHAPITRE V

LES VAISSEAUX D'HOMÈRE

L'*Iliade* et l'*Odyssée* ont sinon créé, du moins régularisé la langue grecque. On peut dire, sans exagération, que l'ensemble de ces poèmes a joué le même rôle chez les Hellènes que le Coran chez les Arabes ou la Bible chez les Hébreux.

Si Homère est sans rival, ce n'est pas seulement parce que son génie a trouvé le moyen de condenser dans une œuvre unique une page véritablement héroïque de l'histoire d'un peuple doué du tempérament le plus artistique qui ait paru sur la terre, mais c'est surtout parce qu'il avait des connaissances surprenantes pour son temps. On trouve dans son œuvre une multitude de renseignements sur toute espèce d'art et de science. Elle est une mine où les commentateurs puisent depuis trois mille ans sans être parvenus à la tarir. Homère est bien le prince et le modèle des écrivains qui ont cherché à instruire leurs contemporains. En effet, il n'en est pas qui aient employé tant de génie à faire aimer la science, à la répandre, en la mélangeant à une multitude de fictions ingénieuses, qui la parent et la décorent sans en changer le caractère. L'histoire nous fournira des exemples éclatants de la passion qu'il sut inspirer à des âmes d'élite, parce qu'il leur donnait véritablement les moyens d'assouvir leur soif de savoir.

Au commencement du XVIIIᵉ siècle, dans une petite ville de

Prusse où son père exerçait la profession de savetier, Winckelmann semblait destiné à croupir dans l'ignorance qui, à une telle époque et dans un semblable pays, était le triste apanage des ouvriers. Mais la nature l'avait doué d'un esprit qui poursuivait la vérité avec la hardiesse dangereuse d'un papillon cherchant à s'approcher de la flamme. Afin de pouvoir s'instruire plus aisément qu'en raccommodant de vieux souliers, le jeune Winckelmann allait chanter de porte en porte, en mendiant son pain. Quand il avait recueilli de maigres aumônes, il achetait quelques chants de *l'Iliade*, et, à la lueur d'une chandelle, couvert de haillons, dans un galetas, il passait ses nuits à pleurer sur les malheurs de Troie.

Les hasards de sa vie vagabonde le mirent en rapport avec un vieux maître d'école aveugle et très versé dans l'étude des langues grecque et latine, et qui avait perdu son chien. Winckelmann lui offrit de remplacer cet utile animal et, ce que le chien ne pouvait faire, de lui lire ce qu'un autre aveugle avait chanté. Le maître d'école accepta avec empressement le surcroît de dépenses que ce nouveau guide lui imposait.

Pendant les quelques années qu'il resta au service de cet infortuné, Winckelmann fit des progrès merveilleux. Lorsque son maître mourut, il subsista pendant quelque temps en faisant le commerce des vieux livres, qu'il achetait pour le compte de gentilshommes ayant confiance en sa probité et lui confiant quelques écus.

Afin d'augmenter ses ressources, il eut l'idée de se faire ministre protestant, et pendant quelque temps il se mit à étudier la théologie à la façon de Luther.

Le comte d'Évreux, gentilhomme français, général des galères du roi de Naples, avait eu besoin d'un peu de marbre pour la maison de campagne qu'il se faisait construire dans les environs de Pompéi. Au lieu d'un morceau de pierre brute, les manœuvres qu'il employait avaient amené du fond d'un puits une statue antique, destinée à être traitée comme la *Cléopâtre* avait failli l'être par le marchand grec d'Alexandrie, mais le gentil-homme français avait arrêté le marteau des vandales.

Ce n'était pas seulement, comme en Égypte, des tombeaux que l'on pouvait fouiller, des peintures funèbres que l'on avait à examiner : c'étaient deux villes momifiées par une terrible éruption volcanique, que la science avait à sa disposition, et que son souffle divin animait de nouveau, après un sommeil de plus de seize cents années. La fable de la caverne des Sept Dormants, dont Mahomet raconte le réveil dans une des plus intéressantes sourates du Coran, se trouvait réalisée. Le peuple qui avait péri avec Herculanum et Pompéi revenait à la vie sous les yeux du monde civilisé.

Les fouilles, pour récupérer les trésors que le Vésuve avait conservés aux dépens des légitimes propriétaires, commencèrent avec une fébrile activité, et produisirent une sensation comparable à la découverte de l'Amérique.

Winckelmann fut enthousiasmé par cette révélation providentielle de sa chère antiquité. Sans hésiter, il interrompit ses études protestantes, déserta son séminaire luthérien et accourut à Dresde pour se faire catholique, seul moyen de puiser facilement dans ces trésors d'érudition. Il se serait fait également musulman pour aller à Athènes, et n'aurait pas cru changer de religion, car celle de l'art était la seule à laquelle il eût réellement consacré sa vie, dans le secret de son cœur. Nous ne pouvons le suivre dans toutes les péripéties de son apostolat, dans lequel il reste toujours pauvre, même misérable, sacrifiant tout pour la conquête de quelques médailles, dont il faisait étalage comme une coquette se pare de ses bijoux.

Le 7 juin 1768, il attendait dans une auberge de Trieste le départ d'un vaisseau qui devait le mener à Ancône, lorsqu'un de ses compagnons de voyage lui demanda à voir les pièces anciennes qu'il gardait sur lui.

Winckelmann ne se faisait jamais prier en pareille circonstance, tant il était fier des trésors qui lui avaient coûté si cher. Il se mit donc à exhiber sa collection, insistant sur le prix des objets que seul il possédait, et sur les particularités qui les distinguaient. Il triomphait ; chacune de ses paroles excitait l'avidité de son interlocuteur, qui était lui-même un amateur passionné d'antiquités, et ne lui répondait que d'une voix altérée par la convoitise. Tout d'un coup, n'y tenant plus et perdant la tête, ce misérable se jette sur l'antiquaire, le perce de plusieurs coups de poignard. Ayant en un instant fait main basse sur le trésor de Winckelmann, il allait disparaître, si le hasard n'avait amené un enfant dans la salle du meurtre. Épouvanté par un si horrible spectacle, cet innocent se met à crier. On se précipite, on saisit le coupable, et on le traîne devant les magistrats. Comme on n'avait point encore inventé les attractions irrésistibles et les circonstances atténuantes, le châtiment fut prompt et exemplaire. Vainement on essaya de sauver Winckelmann, qui expira avant qu'on eût eu le temps de faire justice de son assassin. Avant de mourir, il eut cependant la consolation de pouvoir nommer l'ami auquel il donnait les médailles baignées de son sang.

A la fin du siècle dernier, la passion qui animait Winckelmann prit un immense développement chez toutes les nations civilisées, et surtout en France, où le culte de l'antiquité avait depuis longtemps et ses autels et ses prêtres. Un des chercheurs les plus zélés à propager ce goût salutaire fut l'abbé Barthélemy, à qui on doit l'admirable fiction connue sous le nom de *Voyage du jeune Anacharsis en Grèce*. Ce romancier nous fait assister à la surprise d'un jeune Scythe à qui l'on fait visiter Athènes et les lieux célèbres de la Hellade. Le brave abbé était précepteur d'un jeune homme appartenant à la famille de Choiseul. Il inculqua si bien à son élève l'amour de l'antiquité, que celui-ci se mit en tête de réaliser la fable de son instituteur. Il employa sa fortune, qui était immense, à faire des recherches en Grèce et surtout en Asie Mineure, dans les parages où fut Ilion. Le véritable Anacharsis moderne revint en France un peu avant la Révolution.

A cette époque, le goût des Grecs et des Romains était universel. Il s'était répandu successivement, non seulement dans les rangs

Les lieux où fut Troie.

des classes aspirant au changement, mais encore dans ceux de la noblesse et même sur le trône.

Converti, grâce à Fénelon, dont il connaissait par cœur toutes les œuvres, à l'admiration des anciens, Louis XVI s'empressa de nommer le jeune antiquaire son ambassadeur auprès de la Porte Ottomane. Le comte de Choiseul-Gouffier profita de sa position officielle pour faire exécuter des fouilles sur les lieux immortalisés par le chantre de la colère d'Achille. C'est ainsi que la science moderne commença à explorer, pour la première fois, les champs sacrés de la Troade.

Depuis lors, ces tentatives se sont multipliées avec des succès divers, sans interruption, et sont devenues de plus en plus faciles à mesure que l'esprit intolérant de l'islamisme a été obligé de faire plus de sacrifices à une passion dont jamais les enfants d'Allah n'ont connu les redoutables atteintes.

En 1871 un riche Allemand eut l'idée de recommencer les fouilles dans les ruines d'une colonie grecque qui portait, paraît-il, le nom de Nouvelle Ilion. Ce successeur de notre comte de Choiseul prétendit avoir été assez heureux pour mettre la main sur le trésor de Priam, qu'il aurait retrouvé à une profondeur de 14 mètres, renfermé dans un coffre de bois, dont le hasard lui aurait donné jusqu'à la clef.

De toutes les traces de cette époque, étudiée avec une passion si générale, si remarquable, celles qui ont trait à la marine sont certainement les plus importantes, les plus nombreuses. Nous pouvons dire que nous sommes à même de nous faire, de ces vaisseaux célèbres qui ont porté ces héros inoubliables, une idée aussi correcte que de la flotte de Sésostris.

En effet, la guerre de Troie est une expédition essentiellement maritime. Avant de verser leur sang sur les rives du Scamandre, les soldats d'Agamemnon et d'Ulysse avaient dû commencer par répandre abondamment leur sueur dans la chiourme des navires qui les ont transportés si loin de leurs pénates.

Parmi toutes les parties de la Méditerranée, il n'y en a aucune qui ait des côtes si heureusement découpées par des golfes profonds, et qui soit si bien semée d'îles de toutes formes et de toutes grandeurs. La Hellade est incontestablement destinée par la nature à servir de berceau à un peuple de marins, et c'est un peuple de marins qui s'est ému pour venger l'injure de Ménélas. C'est auprès de sa flotte qu'Achille se retire lorsque Agamemnon lui reprend Briséis, la belle captive qui lui était échue pour sa part de butin. C'est là que se passent ou se préparent la majeure partie des actions mémorables que le poète a chantées avec un art que, depuis trois mille ans, les hommes ne se lassent point d'admirer.

Le départ d'Achille ayant semé le doute et le mécontentement dans l'armée, le roi des rois use de subterfuge pour exciter l'ardeur guerrière de ses soldats. Jugeant de l'état de leurs esprits par l'ardeur qui l'anime lui-même, il s'imagine que le meilleur moyen de ranimer leur vaillance est de simuler l'abandon de l'expédition, et de donner des ordres pour le retour. Mais Agamemnon s'est complètement mépris. Dans les rangs des Grecs, comme dans beaucoup d'autres, la majeure partie des hommes ne demanderaient, s'ils étaient libres, qu'à regagner leurs foyers. La nouvelle est reçue avec une allégresse si vive, si générale, si expansive, que l'alarme se répand jusque dans l'Olympe. Elle excite les appréhensions des dieux qui ont juré la ruine de Troie. Inspirés par ces Immortels, Ulysse et Nestor s'adressent aux soldats; ceux-ci, avec un entrain facile à comprendre, s'empressent de remettre à flot les navires qui, suivant l'habitude constante des anciens, étaient remisés sur le sable, à l'abri des orages.

Grâce à l'habileté avec laquelle les deux orateurs ont fait vibrer la corde patriotique, la guerre recommence avec fureur; mais, se méfiant de leurs forces, puisqu'ils continuaient à être privés du concours du fils de Thétis, inébranlable dans son abstention et renfermé impitoyablement dans sa tente, les Grecs prennent une résolution qui montre la grandeur de leurs alarmes : ils se décident à entourer de très hauts remparts le rivage où sont rangés les navires, pour que ni par la force, ni par la surprise, les défenseurs de Troie ne pussent les enlever, s'il leur prenait fantaisie de devenir les agresseurs. A part la dimension des bâtiments, les choses se passent, dans cette époque reculée, comme elles se dérouleraient encore de nos jours, et l'on croit avoir sous les yeux une page d'histoire contemporaine. Les navires que les Grecs cherchent ainsi à protéger ne leur sont pas seulement nécessaires pour regagner leur patrie, mais indispensables pour conserver des relations fréquentes avec leur base de ravitaillement, car ils en tirent incessamment des provisions de toute nature. C'est de la Grèce que viennent leurs rations quotidiennes, puisque les campagnes fertiles de la Troade, dévastées par la guerre, ne pourraient alimenter même leurs défenseurs. Si la mer leur était coupée, les assaillants seraient à la merci de l'ennemi; elle-même, la valeur du bouillant Achille ne leur serait que de médiocre secours. La famine les obligerait à se rendre, comme il fût arrivé des alliés assiégeant Sébastopol si leur flotte avait été brûlée ou dispersée par les navires qui s'étaient renfermés dans le port. Les Grecs avaient jugé sainement de la situation difficile dans laquelle ils se trouvaient, car la retraite d'Achille les avait tellement affaiblis, que, malgré l'appui que leur donnaient leurs fortifications, ils faillirent être massacrés dans leur citadelle. Les retranchements qu'ils avaient pris tant de peine à élever eussent été sans doute forcés, malgré la résistance acharnée qu'ils opposaient aux soldats de Priam, s'ils n'avaient été adossés à un marais à peu près infranchissable.

Le danger fut tellement pressant que, malgré sa colère, Achille se laissa quelque peu fléchir. Sans consentir à prendre part lui-même à l'action, il autorisa Patrocle à se mettre à la tête de ses troupes et à revêtir ses armes, de sorte que les Troyens purent croire qu'il s'était réconcilié avec Agamemnon. Il était temps de prendre un parti décisif, car du haut de son vaisseau le héros pouvait voir les Troyens, reconnaissables au bonnet phrygien, s'approchant la torche à la main, et cherchant à mettre le feu aux cordages.

Le faux Achille eut d'abord tout le succès désiré. Trompés aussi bien que leurs ennemis, les Grecs reprirent courage pendant que ceux-ci se déconcertaient. La fortune changea immédiatement de camp : malgré les prodiges de valeur de leurs chefs, les Troyens furent refoulés sous les remparts de la place, et les Grecs étaient sauvés, mais Patrocle, enorgueilli, oublia les sages conseils que le fils de Thétis lui avait donnés. Il s'imagina que c'était en réalité lui qui remportait un si beau triomphe, tandis qu'il n'était heureux que par procuration. Il voulut pousser son succès jusqu'au bout et s'acharna à poursuivre l'ennemi sous les murs d'Ilion.

Nous n'avons point à raconter comment Hector, ne reconnaissant pas les coups que la main d'Achille aurait portés, se précipite sur l'imprudent et lui fait mordre la poussière ; comment Achille, ramené à des sentiments plus patriotiques par la mort de son ami, le venge en débarrassant la Grèce du héros qui avait envoyé chez Pluton l'infortuné Patrocle. Le poème qui complète l'*Iliade* est en quelque sorte exclusivement maritime. L'*Odyssée* est une merveilleuse histoire de voyages extraordinaires, dépassant en imprévu tout ce que nos contemporains ont rapporté des excursions dans la Lune, dans les planètes ou dans le Soleil. Homère raconte avec bonhomie, simplicité et un air de vraisemblance incroyable les aventures du plus sage des Grecs, poursuivi par la mauvaise fortune dans son retour à Ithaque, et n'échappant au misérable sort de ses compagnons que grâce à une prudence véritablement surhumaine.

Jeté par la tempête dans l'île de Calypso, Ulysse reprend le cours de ses voyages après avoir construit un radeau de ses mains. La série des épreuves auxquelles il échappe donne une idée des mœurs des peuplades qui habitaient les bords de la mer Méditerranée il y a plus de trois mille ans. Les légendes de Polyphème, de Circé, des Harpies, ne sont pas plus que les combats de l'*Iliade* basées sur un fondement réel. Mais, de même que les actes de vaillance des Grecs et des Troyens, elles n'ont de prix que par les ornements que le génie prodigue à toutes ses œuvres.

Les artistes de l'antiquité qui ont interprété ces divers épisodes nous ont laissé des bas-reliefs qui s'appliqueraient aux explorateurs ayant découvert, au milieu du siècle dernier, les archipels de l'Océanie. Ne dirait-on pas, en voyant les Lestrygons poursuivre à coups de pierre les compagnons d'Ulysse, que l'on a sous les yeux les sauvages habitants des îles Sandwich ou des Nouvelles-Hébrides, assassinant les matelots de Cook ou de La Pérouse? Rien ne manque au tableau, pas même la jeune fille qui a servi de guide aux étrangers, et qui les a menés traîtreusement dans les fourrés où ses concitoyens sont embusqués. La peinture du drame bien connu des Sirènes mériterait d'être mise sous les yeux de nos lecteurs, à cause de sa naïveté. Quoique gracieuse dans les détails, le dessin est semblable à celui d'un épisode de mythologie chinoise. Les déesses sont représentées sur un nuage avec des pattes d'oiseaux, que ne désavoueraient pas les ridicules artistes du Céleste Empire. Mais quelle admirable allégorie pour peindre les dangers que les passions font courir aux esprits ardents des navigateurs! Ulysse, qui s'est fait attacher au mât, est séduit par l'harmonie qu'il savait à l'avance être irrésistible. Il s'agite avec fureur, pour rompre les liens qu'il a lui-même ordonné de rendre inextricables. Quant à ses compagnons, dont il a rempli les oreilles de cire, ils rament avec une ardeur admirable, et bientôt ils seront loin des parages dangereux où, sans la prudence de leur chef, les enchanteresses les auraient retenus jusqu'à ce qu'ils eussent naufragé sur les récifs voisins.

Lorsque par hasard Homère a déserté la vérité, ce n'est jamais pour nous tromper, mais toujours pour nous instruire! Ce n'est pas sans peine que nous abandonnons les aventures de vaisseaux chantées par le plus grand de tous les poètes, dans la plus belle de toutes les langues que les hommes aient parlées, celle qui s'approche certainement le plus de l'idiome dont doivent se servir les Immortels dans leur Olympe. La lecture de ces fables n'est pas moins instructive que l'étude des histoires réelles racontées par Hakluyt, par Purchas, par Édouard Charton dans leurs aventures des voyageurs célèbres. Que de héros de la géographie militante seraient revenus dans leur patrie s'ils avaient connu par cœur les ruses du roi d'Ithaque, qui, dans la moindre de ses aventures, peut être considéré comme le modèle de tous les explorateurs !

Jamais voyage réel ne se termina d'une façon plus poétique, plus naturelle, plus digne du plus sage des Grecs et de l'intervention de Minerve.

Grâce au secours que lui donne le roi des Phéniciens, Ulysse parvient à toucher les remparts d'Ithaque après vingt ans d'absence. Comme l'action du temps n'avait point suffisamment changé son visage, Minerve touche le héros du bout de sa baguette d'or : aussitôt ce qui reste de ses beaux cheveux blonds bouclés disparaît, des rides profondes creusent son front et ses joues ; il s'affaisse sur lui-même, et se courbe comme un vieillard ayant déjà plus d'un pied dans la tombe. Ses habits font place à des haillons sordides. Pour achever son déguisement, la déesse lui met sur le dos une besace toute rapiécée, et lui donne un bâton solide pour appuyer sa démarche tremblante.

C'est dans cet équipage que le héros se rend dans son palais. Le premier personnage qu'il rencontre est son fils Télémaque, qui ne l'aurait certainement point reconnu si Minerve ne lui avait rendu, par un nouveau coup de baguette, sa forme naturelle. Saisi de crainte en présence de cette transformation soudaine, le jeune homme croit qu'il a devant les yeux l'ombre de son père. Il allait le pleurer, si le héros ne l'avait assuré qu'il était encore vivant, et ne lui avait appris que le but de son déguisement était de chercher les moyens de se débarrasser des prétendants qui voulaient triompher de la vertu de sa mère.

Après cet entretien, Ulysse reprend sa besace; mais, sur le seuil de la salle où il s'est entendu avec son fils, il rencontre son chien. Quoique affaibli par l'âge, le fidèle animal, plus clair-voyant que Télémaque lui-même, ne se laisse pas tromper par les vêtements et l'aspect du faux mendiant : il meurt de joie en reconnaissant son maître.

Ulysse est sûr de la vertu de sa femme; cependant il ne veut point renoncer au plaisir de s'en assurer par lui-même. C'est encore sous son déguisement qu'il se présente devant la reine. Alors seulement qu'elle lui a dépeint ses tourments et la constance de son amour, il se fait connaître. Ce chant est riche en peintures charmantes, dignes du chantre des adieux d'Hector et d'Andromaque.

La reine a promis sa main à celui des prétendants qui arrivera à traverser son anneau conjugal par une flèche lancée avec l'arc d'Ulysse. Aucun des prétendants n'est même parvenu à bander cette arme exceptionnelle.

On procède donc à une nouvelle épreuve. Après que tous les concurrents ont montré l'un après l'autre leur présomption et leur faiblesse, Ulysse demande qu'il lui soit permis d'essayer à son tour. En un instant l'arc merveilleux est tendu. Ulysse s'en sert même pour tuer ceux des prétendants qui échappent aux coups de Télémaque, aidé d'un fidèle serviteur.

CHAPITRE VI

LES VAISSEAUX DE VIRGILE

L'épopée homérique a été la source d'une multitude de légendes imaginées par des chroniqueurs désireux de poétiser à tout prix l'origine des peuples dont ils racontaient l'histoire. Malgré la distance qui nous sépare du royaume de Priam, en dépit de l'antiquité d'événements accomplis à l'époque où nos ancêtres vivaient presque à l'état sauvage, dans d'épaisses forêts, nos annales nationales ont eu de la peine à se débarrasser de fables ayant leur origine dans la prise de Troie.

Pendant bien des siècles on croyait, comme Grégoire de Tours l'a écrit un des premiers, que les Francs descendaient d'un certain Francion, fils d'Hector et d'Andromaque, qui était venu en Gaule appelé par le dernier roi indigène. On s'imaginait avec une simplicité singulière que ce monarque, n'ayant pas d'enfants mâles, avait conçu le dessein de marier sa fille avec un prince aussi célèbre.

Les Bretons ne pouvaient pas rester en arrière des conquérants des Gaules ; quelques-uns de leurs vieux auteurs parlent d'un certain Brutus ou Brétus, fils d'Ascagne, dont ils arrivaient en droite ligne.

Non content de descendre de Lusus, compagnon d'Hercule, les Portugais prétendaient que le port de Lisbonne avait été fondé par Ulysse, qui, dans ses longs voyages, aurait franchi les Colonnes d'Hercule, et aurait abordé sur les rives du Tage.

Il ne faut donc pas s'étonner que les Romains se soient emparés du fils d'Énée, d'Ascagne, qu'ils en aient fait un des ancêtres de Romulus, le fils de Mars, qui fonda la Ville Éternelle, l'an 754 avant Jésus-Christ.

L'épopée de Virgile a été consacrée tout entière au développement d'une erreur historique qui flattait l'orgueil du peuple-roi. Elle facilitait en outre l'apothéose des empereurs, en les faisant descendre des dieux.

Que de peintures ravissantes de tempêtes et de naufrages à recueillir dans les douze livres consacrés à la gloire d'Énée! De l'avis des critiques, nulle part le chantre des *Géorgiques* n'a montré plus d'art et plus d'esprit d'observation.

Guizot, Henri Martin, Augustin Thierry, Duruy auraient eu beaucoup de mal à triompher de la légende de Francion si elle avait été chantée par un émule de l'ami de Mécène, au lieu d'être imaginée par quelques auteurs grossiers, dépourvus d'érudition, d'imagination, de style et de sens.

De tous ces épisodes, que nous ne pouvons tous raconter, le plus caractéristique, au moins celui qui éclaire le mieux la vie des gens de mer dans l'antiquité, est la fête que le chef des Troyens donna à Aceste, chef des Siciliens, lors de la fondation de Ségeste, ville digne de l'ancêtre des Romains : car le grand temple qui, du temps de sa prospérité, y attirait des légions de pèlerins, a laissé des ruines qu'on ne peut pas voir sans admiration, même de nos jours, après que tant de siècles de dévastation ont passé, comme un ouragan, sur l'antique Trinacrie.

Après de pompeux sacrifices dans lesquels les deux peuples avaient lutté de magnificence, adressé au dieu le même encens, mangé la chair des mêmes victimes et goûté le même Bacchus, Siciliens et Troyens assistaient aux mêmes régates.

Le temps était splendide, tel qu'il convenait à des fêtes données par le fils de Vénus à des alliés de Priam. Les jeux sacramentels, qui en faisaient partie, se célébraient dans une baie immense, située à l'embouchure d'un petit fleuve du nord-ouest de la Sicile.

Dès le matin, des esclaves avaient disposé, sous des tentes de brocart et de soie, de longues tables décorées de palmes, de branches de lauriers et de fleurs, sur lesquelles ils avaient étalé les présents destinés aux vainqueurs.

Les sujets d'Aceste, qui n'avaient point encore été familiarisés avec les magnificences de l'Asie, admiraient des trépieds sacrés dans l'ornement desquels des ouvriers phrygiens avaient épuisé les ressources de leur art, des palmes d'or, des couronnes d'argent, des armes enrichies de pierres et plus remarquables encore par l'acier dont elles avaient été forgées, des manteaux, des tuniques teintes en pourpre, couleur réservée aux rois, et des talents d'or et d'argent.

Le plus intéressant épisode de cette journée mémorable était la course nautique. Avant de revenir au point de départ, les concurrents devaient contourner des rochers à fleur d'eau, qu'Énée avait fait baliser avec un chêne immense, dont les branches avaient été soigneusement conservées.

Le héros avait choisi dans sa flotte quatre galères de même tonnage, ayant le même nombre de rames, maniées chacune par trois rameurs.

Afin de permettre de mieux suivre les péripéties de la lutte, il avait pris la précaution de les peindre de couleur différente.

Le poète a soigneusement conservé le nom de ces quatre navires et ceux de leurs capitaines, aussi célèbres dans l'antiquité que les chevaux et les lutteurs chantés par Pindare.

La *Baleine*, commandée par Mnesthée, était peinte en noir.

Le *Centaure*, capitaine Sergeste, se distinguait par sa belle couleur rouge.

Gyas, qui dirigeait la *Chimère*, avait choisi le blanc.

La *Scylla*, de Cloanthe, était reconnaissable à son vert d'émeraude.

Après avoir revêtu leurs vêtements les plus riches, où la pourpre et l'or brillaient d'un vif éclat, ces vaillants officiers s'étaient placés sur la poupe de leurs bâtiments.

Les rameurs étaient nus jusqu'à la ceinture, immobiles comme des statues. Les rayons du soleil reluisaient sur leurs membres ruisselants d'huile, dont ils avaient été fraîchement frictionnés. Une couronne de feuilles de peuplier environnait leurs têtes et protégeait leurs yeux. La main sur l'aviron, ils attendaient avec impatience que l'airain retentît. Tout à coup un bruit strident fend l'air. C'est le signal ; aussitôt les nefs volent à la surface de la mer. Les coursiers ne sont pas plus prompts à s'élancer dans l'arène. Les matelots s'excitent en poussant de grands cris cadencés ; leurs rames frappent l'eau à intervalles réguliers. Bientôt la *Chimère* prend la tête, la *Scylla* ne vient qu'un peu après. Puis, un grand intervalle, et la *Baleine* et le *Centaure*. Ces deux nefs vaillantes ont sans doute perdu l'espoir de vaincre, mais la crainte de la honte les talonne, et elles luttent avec un acharnement plus grand certainement que les deux autres.

Tantôt la *Baleine* est la première, tantôt la *Baleine* et le *Centaure* s'avancent ensemble ; elles sont si près l'une de l'autre, que leur sillage se mêle dans un même bouillonnement.

Mais bientôt l'attention des spectateurs haletants se porte sur les événements qui se passent en tête de la course. Le pilote de la *Chimère*, au moment de virer de bord pour contourner la roche submergée, s'écarte un peu au large. Mieux avisé, celui de la *Scylla* se glisse entre l'obstacle et son concurrent. Furieux de voir que la victoire lui échappe, Gyas se précipite sur le maladroit qui lui fait perdre le prix. D'un coup terrible il le lance à la mer, et lui-même se met à la barre, aux grands applaudissements des

Siciliens et des Troyens. Pendant ce temps, Cloanthe double la *Chimère*, et la *Scylla* vogue librement en pleine mer.

En voyant Gyas retardé par ce contretemps, Sergeste fait un effort : quelques prodigieux coups d'avirons le font passer devant Mnesthée.

Mnesthée quitte son poste, il parcourt à grands pas les bancs des rameurs : « Allons, allons, leur dit-il, couchez-vous sur vos rames. Compagnons du grand Hector, vous qu'au dernier jour de Troie j'ai choisis pour mes matelots, déployez ces forces qui vous ont sauvés des Syrtes de Gétulie, des fureurs de la mer Ionienne et des tourbillons de Malée. Il ne s'agit pas ici de gagner, mais de ne pas être vaincus. Neptune, je ne te demande que de m'épargner la honte d'arriver le dernier. »

D'un immense effort, la chiourme pèse sur les rames, l'airain du navire tremble, l'onde fuit sous le sillon que creuse la proue.

Les rameurs halettent, leur bouche se sèche, leurs flancs palpitent tumultueusement, des flots de sueur les inondent. En ce moment, Sergeste serre de trop près les rochers, où la proue du *Centaure* s'engage. Les rames se brisent, et les matelots, sans avirons, sont réduits à l'impuissance.

La vue de cet accident donne un nouveau courage à Mnesthée ; ses rameurs redoublent d'efforts. La *Baleine*, qui semble poussée par une main divine, s'élance à la poursuite de la *Chimère*, qui, n'ayant plus de pilote, a bientôt cédé.

La *Baleine* n'a plus devant elle que la *Scylla*. Les matelots de Cloanthe ont pour eux l'avantage et la distance. Mais ceux de Mnesthée, excités par les deux victoires qu'ils viennent de remporter, retrouvent de nouvelles forces. Leurs coups d'avirons se succèdent à intervalles pareils à ceux du départ. Déjà les deux proues sont en ligne ; alors Cloanthe, étendant ses mains sur les eaux : « Divinités qui avez l'empire de la mer, donnez..., donnez-moi la victoire, et, j'en fais vœu, au pied de vos autels j'immolerai un taureau blanc. Dans les flots amers je jetterai les entrailles de la victime, et j'y répandrai le flot des libations. »

Aussitôt, du fond des eaux, le chœur des Néréides et la nymphe Panopée entendent le vœu du suppliant. Palémon lui-même, de sa puissante main, pousse la galère. Plus rapide que l'éclair, elle vole vers le rivage, et la première elle s'enfonce dans le port.

Énée distribue les prix, et pour consoler Sergeste, qui a fini par dégager le *Centaure*, il lui réserve une esclave crétoise avec ses deux enfants. Les jeux continuent. Mais les Troyennes étaient loin de partager l'allégresse des guerriers. Réunies sur le rivage, elles pleuraient en contemplant la haute mer, sur laquelle elles devaient de nouveau s'égarer. Toutes demandent une demeure fixe. Toutes ont horreur de la vie errante qu'elles mènent depuis si longtemps sur les flots.

Du haut de l'Olympe, Junon lit dans leurs cœurs. Elle les voit groupées sur le sable, elle les entend échanger leurs plus secrètes pensées. Elle dit un mot à Iris, qui prend la forme de Béroé, épouse de Doryclès d'Ismare. La fausse Béroé se mêle aux femmes de Troie. « Malheureuses que nous sommes, leur dit-elle, pourquoi faut-il que les mains victorieuses des Grecs ne nous aient point traînées à la mort sous les murs de notre patrie! Pourquoi devenir de nouveau le jouet des vagues! Dans quel but chercher toujours cette Italie où des dieux puissants ne veulent pas que nous abordions, puisque nous en sommes depuis sept longues années constamment écartées? Pourquoi ne nous arrêtons-nous pas ici? Ici règne Aceste notre hôte; qui nous empêche de bâtir ici les murailles de la nouvelle Ilion? Pourquoi ne brûlons-nous pas de nos mains ces maudits vaisseaux? Cette nuit Cassandre m'est apparue en songe, elle-même m'a mis une torche à la main. « C'est ici, m'a-t-elle dit, que vous devez chercher Troie, c'est ici « qu'est votre demeure! » Allons, Troyennes, qu'attendez-vous? Voici quatre autels consacrés à Neptune lui-même. Un dieu allume

et nos torches et nos courages… » Elle dit, et, joignant l'exemple
au précepte, elle arrache un brandon fumant, et l'agite vivement
dans les airs afin d'attiser la flamme. Bientôt le feu se rallume ;
alors elle lance un tison dans la direction des navires. Les
femmes hésitent encore, mais Pyrgo, qui avait nourri de son lait
tant d'enfants de Priam, s'écrie : « Troyennes, ce n'est pas l'épouse
de Doryclès que je vois ; non, non, ce n'est pas Béroé que nous avons
ici. Remarquez cet éclat divin, le son de cette voix et cette démarche qui trahit une Immortelle ! » Les Troyennes entendent,
et croient que Pyrgo est le jouet d'une illusion. Elles jettent sur
la flotte des regards sinistres ! Elles sont partagées entre cet
amour insensé de la terre sicilienne et la vive espérance d'assurer
à la future Ilion les grandeurs promises par un destin qui ne ment
jamais !

Mais soudain, balançant ses ailes, la déesse s'élève vers les
cieux, et, dans sa fuite, elle trace un grand arc de lumière.

A la vue de ce prodige, les Troyennes n'hésitent plus. Transpor-
tées de fureur, elles ravissent aux autels le feu des sacrifices ;
à la fois, pêle-mêle, ces insensées jettent sur les vaisseaux le
feuillage symbolique, les guirlandes de fleurs et les torches
enflammées. Le feu court sur les bancs, sur les rames et sur les
poupes.

Les Troyens, occupés à accomplir des libations funéraires,
voient voltiger dans l'air de noirs tourbillons. Saisis de sombres
pressentiments, ils accourent. A la vue de leurs maris, les
Troyennes comprennent l'étendue du crime qu'elles ont commis. L'esprit de Junon est secoué. Furtivement les criminelles
gagnent les forêts et les creux des rochers ; elles vont y cacher
leur honte et leur funeste délire.

Cependant leur repentir ne peut enlever à l'incendie sa force
redoutable. Sous le bois humide des navires, le feu vit alimenté par
l'étoupe. Une lente vapeur mine les carènes. Le fléau destructeur

descend dans les cavités les plus profondes. La flotte est perdue ; ni l'effort des bras, ni les torrents d'eau ne peuvent l'arrêter.

Énée, au désespoir, lève vers le ciel ses mains suppliantes. Jupiter l'exauce : une nuée noire se forme, et du haut de l'air ruissellent des torrents. Quatre galères seulement périssent dans ce criminel incendie.

Est-ce que les différentes péripéties de ce petit drame ne mon-

Galère romaine à rames.

trent pas la passion extrême que les anciens mettaient dans la manœuvre des rames, et la répugnance avec laquelle les femmes supportaient les voyages maritimes, à bord de navires dangereux et incommodes, où elles étaient déplorablement entassées !

Dans l'appréciation des événements antiques il ne faut jamais perdre de vue l'incertitude des traversées, à une époque où les périls inhérents à toute navigation étaient augmentés par la crainte des pirates et des naufrageurs, encore plus terribles peut-être que les pires forbans. Jusque dans ces derniers siècles, les navires

échoués sur le rivage n'étaient-ils pas considérés comme une
aubaine que le Ciel envoyait aux riverains de l'océan !

Les villes enfouies dans la catastrophe où Pline l'Ancien a trouvé
la mort n'ont pas seulement fourni à la critique des épisodes
mythologiques, dans lesquels les artistes ont suivi à leur gré la
folle de la maison ; certains édifices renfermaient un nombre plus
ou moins considérable, suivant leur importance et leur destination,
de véritables marines dans lesquelles le peintre s'était attaché à

Galère romaine à voile et à rames.

retracer fidèlement des épisodes réels de la vie des gens de mer.

La figure de la page 76 représente une galère mue par une
chiourme, tandis que la figure de cette page montre un bâtiment
dans lequel l'action des rames peut être augmentée par l'action
du vent.

L'artiste a pris soin de présenter les deux navires d'une façon
différente. Celui-ci fuit loin du spectateur, tandis que celui-là a
son avant tourné du côté où on l'aperçoit.

Si l'on examine avec soin le mouvement des vagues, les deux

bâtiments sont animés d'une assez grande vitesse. Celle du second paraît être supérieure, ce qui est inévitable. En effet, sa voile est gonflée, et l'on peut dire qu'il file vent arrière.

De part et d'autre, les constructeurs ont évidemment pris les précautions les plus minutieuses pour protéger les rameurs contre les projectiles que lanceraient les navires ennemis; et la proue, terminée par un morceau de fer ressemblant à un éperon, indique l'intention de couler bas les adver-

Birème dite galère impériale.

saires assez maladroits pour se laisser aborder par le flanc.

Le gouvernail est remplacé par deux fortes rames, d'un volume beaucoup plus grand que celles qui servent à la propulsion.

Mais ce qui est véritablement remarquable, c'est l'absence du mât, remplacé par deux perches soutenant la vergue, l'une à bâbord et l'autre à tribord; quant à la voile, elle est également de forme peu avantageuse, puisqu'elle se termine par deux longues bandes, que l'on aura certainement de la peine à laisser filer dans les écoutes.

Un charpentier moderne n'aurait aucune peine à réaliser en fer et en bois l'œuvre du constructeur romain. Quoique les ingénieurs en construction navale des pharaons aient produit des bâtiments leur faisant plus d'honneur, il est incontestable que ceux-ci suffiraient de nos jours pour exécuter des voyages sur les côtes de l'océan et dans toutes les parties de la Méditerranée. Si l'Angleterre était encore habitée par des populations sauvages n'ayant point de marine, de telles embarcations permettraient aisément à un nouveau César de l'envahir une autre fois.

Mais il n'en est pas de même de la *birème* qui a été sculptée sur

Trirème (d'après une ancienne peinture des jardins Farnèse).

la colonne Trajane, de la *trirème* qu'on a trouvée dans une ancienne peinture des jardins Farnèse, et de la *quadrirème* que l'on a dessinée d'après un beau bronze de l'empereur Gordien III.

Dans ces représentations fantaisistes on dirait que les artistes se sont malignement donné le problème de mystifier la postérité. Ils auraient peut-être réussi, si nous n'avions à notre disposition quelques renseignements permettant d'interpréter sainement les vestiges de l'art romain.

Les navires à plusieurs rangs de rames de la Rome impériale sont devenus ceux des Vénitiens, des Siciliens, des Génois du moyen âge. On ne peut pas admettre que la tradition se soit trouvée interrompue d'une façon complète pendant un siècle de barbarie intégrale. Certes les désastres de l'invasion des barbares ont été épouvantables; mais, quelque répétées qu'aient été ces catastrophes, on ne peut admettre des populations maritimes assez abruties, assez malheureuses, pour perdre radicalement de vue les souvenirs de la grande industrie qui les faisait vivre. Comment seraient-elles réduites, par la misère et le désespoir, à ne plus conserver la mémoire d'aucune des conquêtes scientifiques qui avaient coûté si cher à leurs ancêtres? Nous sommes donc conduits à penser que les galères italiennes du moyen âge doivent nous donner une idée de l'art maritime des anciens.

Nulle part on n'a jamais construit de navires aussi contraires aux lois de la physique ou de la mécanique, que ceux qui furent imaginés par les sculpteurs chargés de transmettre aux âges futurs les exploits de Marc-Aurèle et de Gordien.

Pendant que l'empereur Napoléon III rédigeait les mémoires de César, on a dépensé beaucoup d'argent pour construire, non pas des quadrirèmes, mais des trirèmes qui donnaient raison aux monuments romains. A force de se creuser la tête, d'habiles ingénieurs sont parvenus à mettre à l'eau des navires et à dresser des équipages qui sont venus à bout d'évoluer devant l'empereur des Français.

Certes c'était un beau spectacle que les rameurs rangés par étages sur des bancs disposés en gradins, et faisant passer leurs avirons par des sabords ménagés d'une façon très habile.

Mais ces arrangements artificiels étaient évidemment trop compliqués pour avoir été jamais acceptés dans la pratique courante d'une nation maritime. Les démonstrations étaient concluantes, mais précisément pour condamner le sens que l'on en tirait. Les

marins qui auraient monté de semblables navires auraient été certainement battus à plate couture par ceux qui leur auraient opposé
des bâtiments plus simples et analogues à ceux qui ont servi pour
les croisades.

Les galères qui ont réellement navigué à des époques plus
récentes, et sur lesquelles on possède une multitude de documents sérieux, sont certainement beaucoup plus semblables que

Quadrirème (d'après le revers d'un bronze de Gordien III).

ces bateaux de commande, aux nefs de la Rome impériale ou
républicaine.

Ce serait avoir une idée inexacte et presque injurieuse de la
marine des anciens, que de la juger par quelques tentatives singulières, qui ont échoué à différentes reprises, et que des ingénieurs plus audacieux souvent qu'habiles ont imaginées pour faire
la cour aux dispensateurs des faveurs et de la fortune de l'État.

6

De même que les artistes, les chroniqueurs multipliaient les rangs de rames, ils superposaient arbitrairement les chiourmes sans se soucier de la vérité historique. Leurs exagérations sont venues se combiner avec celles du pinceau ou du burin.

Certaines descriptions fantaisistes, auxquelles on a eu le tort d'attacher trop d'importance, donnent une idée des navires de la Rome impériale à peu près comme les pages émouvantes des *Travailleurs de la mer* font comprendre la nature et l'organisation du poulpe géant.

Trop souvent l'on confond, avec des navires de guerre ou de commerce, des nefs de parade ou d'ornementation, servant à faire de fastueuses promenades. Ce n'est pas dans des *Bucentaures* que l'on ira chercher les modèles de véritable architecture moderne, pas plus qu'on ne verra dans les carrosses d'un sacre un spécimen des voitures d'une époque.

Les anciens ne connaissaient ni la vapeur, ni la pile de Volta, ni les chemins de fer, ni les inventions les plus récentes de la physique moderne, mais ils n'ignoraient aucune des règles essentielles de la mécanique. Leurs ingénieurs étaient versés dans l'étude pratique de l'équilibre des corps flottants. Il faut bien se persuader que leur génie mettait en mouvement des principes moins nombreux que ceux dont nous faisons usage, mais il les combinait de la même manière et par des procédés identiques. Ce qui est absurde de nos jours était bien près de l'être reconnu du temps des Antonins.

CHAPITRE VII

LA GALÈRE DE DUILIUS

Ce ne sont pas nos législateurs qui ont le mérite d'avoir inventé le système de recrutement en vertu duquel tous les citoyens sont obligés de porter les armes, mais il existait déjà à Rome, avant les guerres puniques, une organisation militaire semblable à la nôtre. Pas plus que les habitants de la Cité lumière, ceux de la Ville Éternelle n'avaient de goût pour les expéditions que l'on appelait alors lointaines, dès qu'il s'agissait de sortir de la péninsule, en traversant les Alpes, et surtout en passant la mer. Comme les idées d'égalité étaient bien moins répandues que de notre temps, les hommes destinés à la manœuvre des flottes étaient exclusivement choisis parmi les citoyens pauvres et même parmi les citoyens les plus pauvres. Pour être dispensé de ramer dans les galères de la république, il suffisait de justifier de la possession de 400 drachmes, soit 348 francs de notre monnaie.

Mais, malgré la difficulté avec laquelle ils se laissaient enrôler pour le service de la flotte, les jeunes Romains réservés aux fonctions pénibles et obscures de rameurs se comportaient avec autant de courage que si, sur des champs de bataille plus éclatants, ils avaient eu l'honneur de manier l'épée du légionnaire.

On en eut une preuve dans la première guerre punique, lorsque la république, qui sur terre avait triomphé de tous ses ennemis, sentit la nécessité de faire un effort immense, afin d'arracher à Carthage l'empire qu'elle semblait avoir acquis, avec une solidité désespérante, sur le plus capricieux des éléments.

Une galère carthaginoise, s'étant trop approchée des côtes du Latium, échoua sur un bas-fond. Immédiatement elle fut entourée par une multitude d'habitants de la côte. Ceux-ci, connaissant à merveille la forme des écueils qui s'avançaient jusqu'au large, en

Bateaux phéniciens.

profitèrent pour s'y aventurer et capturer le vaisseau ennemi, après un combat meurtrier.

Un des deux consuls, nommé Duilius, avait assisté à l'action, dont il fit lui-même un récit au Sénat, dans des termes de nature à persuader aux Pères conscrits, et par suite aux Quirites, que cette capture était en réalité un présent des dieux. On décida, tout d'une voix, que Rome construirait immédiatement une flotte de galères sur le modèle de celle qui venait d'échouer, et qu'avant la fin de la saison les vaisseaux de la république iraient porter secours à ses alliés de Sicile. On travailla à une œuvre nationale, à laquelle on attachait tant d'importance, avec une ardeur dont l'histoire offre peu d'exemples, mais qui fut récompensée par un immense succès.

Deux mois après le premier coup de marteau, on lançait à la mer une centaine de trirèmes.

Les récits des historiens romains qui donnent des détails sur ces événements ont été plus d'une fois taxés d'exagération par des critiques qui n'avaient point une foi suffisamment robuste dans le patriotisme, et ne se rendaient pas assez compte des miracles qu'il peut réaliser.

Cependant les merveilles qu'accomplit de notre temps la poignée d'officiers qui dirigent notre grande colonie du Sénégal, ne sont-elles point tout à fait dignes d'être mises à côté de celles de Duilius? En effet, les rapports officiels constatent que des nègres conduits par quelques Français n'ont pas mis plus de temps que les citoyens de la Ville Éternelle pour construire, dans les environs de Bammakou, sur le Niger, les canonnières *Mage* et *Faidherbe*, qui font flotter nos couleurs sur un des plus grands fleuves du monde. Dans des embarcations dont le cube ne dépasse pas celui des anciennes trirèmes de la Ville Éternelle, et ne l'atteint même point, nos ingénieurs ont trouvé le moyen de renfermer des machines motrices de la force de 50 chevaux, donnant une impulsion dont l'énergie représente celle d'au moins 5 à 600 esclaves. Une chaloupe que les Romains eussent dédaignée porte dans son sein toute la puissance du plus gros navire que les pharaons ou les Ptolémées aient mis à la mer, et cela grâce à la vapeur!

Cet instrument miraculeux du progrès confirme et complète la supériorité que nous donnent nos armes. Aussi voit-on les commandants des colonnes mobiles de la civilisation ne reculer devant aucun effort pour traîner les canonnières, même au milieu des marécages qu'une végétation luxuriante semble rendre irrémédiablement inaccessibles.

Mais retournons à Rome antique. Les consuls mirent entre les mains des futurs matelots les rames qui leur étaient destinées;

on les fit asseoir sur des bancs disposés sur le sable, et on leur
apprit l'art de voguer avec ensemble, de manière à utiliser toute la
vigueur de leurs bras, et à conserver pendant longtemps une allure
accélérée. Les progrès des citoyens furent surprenants : lorsqu'ils
s'embarquèrent, ils obéissaient plus docilement à la voix de leurs

La canonnière *Niger* devant Bammakou.

hortatores que les esclaves ou les mercenaires de Carthage au
gourdin de leurs commandeurs.

Ce que Duilius n'avait pu donner à ses *gubernatores*, c'était
l'habileté nécessaire pour profiter des talents spéciaux qu'ils
avaient si péniblement acquis.

La victoire était certaine si les galères des consuls pouvaient
atteindre celles des ennemis, car ces rameurs vigoureux devenaient

Remorque d'un vapeur dans les marais du Haut Nil.

des guerriers irrésistibles, s'élançant à l'abordage avec une impétuosité formidable.

Pour que la lutte fût possible, il fallait que la galère carthaginoise pût être retenue, saisie par une sorte de griffe, l'empêchant d'échapper à celle de Rome, et rendant inutiles toutes les évolutions savantes dont les marins africains avaient alors le secret.

Mais en même temps qu'il avait conçu l'idée d'improviser une flotte, Duilius avait découvert un moyen mécanique certain de remporter la victoire. Les galères qui avaient été fabriquées à la hâte portaient à l'avant un organe de plus que celle qui leur avait servi de modèle. C'était une grande pièce de fer inclinée, comme un beaupré, ayant à sa partie supérieure une sorte de poutre. Du haut de ce mât on devait lancer sur l'ennemi une sorte de griffe ou de main artificielle en acier, solidement attachée à une chaîne de fer.

Une fois cet agrès, si bien approprié à la valeur des Romains et à leur inexpérience des choses de la mer, emmêlé dans les agrès de Carthage, la victoire n'était-elle point assurée aux hommes libres, qui auraient bientôt massacré les Carthaginois, souvent même avec l'aide de la chiourme révoltée !

Nés d'hier à la vie maritime, les capitaines romains étaient loin d'avoir la hardiesse des navigateurs habitués aux longs voyages au delà des Colonnes d'Hercule, avec lesquels ils devaient se mesurer. Pour se rendre d'Ostie en Sicile, ils suivirent timidement les côtes jusqu'au port de Messine, que les consuls avaient désigné comme point de rassemblement. Quand ils se virent tous réunis, ils résolurent de longer le littoral de l'île, afin de gagner la côte d'Afrique en franchissant le détroit qui l'en sépare, et de pousser enfin vers Carthage, en effectuant ainsi une dernière traversée, peu dangereuse. Mais l'ennemi, qui se tenait sur ses gardes, devait leur éviter d'aller si loin.

Lorsque la flotte des consuls sortit enfin du port de Messine, pour accomplir la partie la plus difficile de sa mission, elle était forte de trois cents voiles ; chacun des navires qui la composaient portait une garnison de cent vingt soldats et une chiourme de trois cents rameurs, dont le fouet n'avait pas besoin de stimuler le zèle. Ces matelots devaient se changer en guerriers aussitôt que la main de fer, s'abattant sur une galère carthaginoise, aurait donné le signal de l'abordage. En réalité, chaque barque romaine, dont le tonnage dépassait à peine celui d'un de nos bateaux pêcheurs, portait à son bord quatre cent vingt légionnaires.

Rome, pour son coup d'essai, envoyait sur mer un effectif formidable, de cent vingt mille hommes, comprenant la fleur de sa jeunesse.

Le bruit d'un si grand armement s'était répandu jusqu'à Carthage. Sans bien comprendre en quoi consistaient les projets de l'ennemi, le Sénat avait décidé de ne rien négliger pour s'opposer à leur exécution. Comme les Syracusains étaient alors alliés des Romains, on pouvait supposer que le célèbre Archimède avait donné quelques conseils au consul, et, par conséquent, on n'avait pas le droit de mépriser cette tentative téméraire. Une flotte de trois cent dix galères avait été réunie dans les eaux de Sicile, et, sous le commandement des deux meilleurs amiraux de la république, elle avait jeté l'ancre devant le port de Marsala, en attendant les événements.

Aussitôt que les bâtiments légers furent avertis que les Romains sortaient de Messine, elle gagna la haute mer, se portant au-devant de l'ennemi, pour lui couper la route de Carthage.

La disposition de la flotte africaine était réglée d'après les principes stratégiques, bien des fois imités par les modernes. Elle avait été partagée en quatre escadres, destinées à s'appuyer à l'aide d'une série de dispositions savantes. Les divisions chargées de prendre l'offensive étaient rangées en deux lignes convergentes. La troisième formait la base d'un triangle dans lequel on avait placé tous les navires de transport. Enfin la quatrième division, voguant un peu en arrière, formait la réserve, et était chargée de se diriger en toute hâte du côté qui menaçait de faiblir.

Voyant arriver sur eux, avec un ensemble effrayant, cette masse formidable, les Romains ne commirent pas la faute d'essayer de lui résister, mais ils se jetèrent à droite et à gauche, s'écartant, s'effaçant, pour laisser passer l'ouragan, puis se précipitant par derrière, avec un effroyable acharnement.

Ils n'ont aucune autre tactique que celle qu'inspire la fureur. Sans s'inquiéter de ce que devient le voisin, chaque capitaine romain se jette sur l'ennemi qui est à sa portée, cherchant à le saisir, à se mesurer corps à corps, et à lancer le « corbeau », c'est ainsi que la griffe de Duilius est connue dans l'histoire.

Cette audace trouble les amiraux de Carthage et trompe tous leurs calculs. Mal défendus par des mercenaires, trahis par les chiourmes, les vaisseaux de Carthage cèdent les uns après les autres. Les débris de sa flotte formidable s'enfuient vers la capitale, apportant la nouvelle de l'approche de l'ennemi, qui est maître de la mer et va débarquer sur le rivage.

Toutes les conditions des guerres maritimes sont désormais changées. Lorsque Carthage voudra lutter contre Rome, il faudra que ce soit sur l'élément naturel aux Romains qu'elle vienne leur livrer bataille.

Ce ne sont pas des galères qu'Annibal cherchera à conduire, mais des bataillons qu'il devra diriger pour tenir le serment de haine prêté sur les autels. Pour mettre en péril la Ville Éternelle, il n'a point à renverser des remparts de bois, mais à traverser la barrière glacée des Alpes.

Rome devint donc rapidement la première, puis, bientôt après, la seule puissance navale. Ses établissements maritimes se régularisèrent ; les travaux de toute nature que les maîtres du monde accomplirent dans leurs ports sont dignes de leurs monuments et de leurs routes.

Afin d'en rendre juge notre lecteur, nous mettons sous ses yeux la reconstitution d'un port de second rang placé dans cette province d'Afrique qui avait un instant balancé la fortune du Latium. Ce tableau d'Etique, dû à la patience d'un archéologue moderne, est aussi exact que si un aérostat pourvu d'un appareil photographique avait traversé le ciel au moment où Caton allait se donner la mort pour échapper à la clémence de César. A droite se trouve le port de commerce, environné de magasins étalant leur opulence; à gauche, le port de guerre, d'aspect beaucoup plus sombre, et serré entre une muraille et la forteresse.

L'entrée de chacun de ces ports est commandée par des édifices crénelés servant de casernes, et renfermant toutes les machines de guerre en usage à cette époque.

On voit, à gauche de la galère qui entre, un grand monument de forme rectangulaire: c'est le temple de Neptune, où d'ordinaire les marins allaient en pèlerinage pour s'acquitter des vœux formés pendant la tempête.

Au centre du port de commerce s'aperçoit facilement une île, à peine rattachée au rivage par une chaussée. Elle est occupée par les administrations publiques, les douanes, l'inscription maritime; c'est là que l'on examine les passeports et les papiers de mer. Les chantiers de construction et de réparation du commerce se trouvent dans de petits bassins, à droite du port, et ceux du gouvernement dans l'intérieur de l'arsenal militaire. De grandes maisons le long du quai servent d'auberges aux marins. Elles sont encombrées par une population remuante, tapageuse, fréquentant les cabarets, les débits de liqueur, les maisons de jeu, etc., etc. Une construction immense était employée comme bagne, pour les chiourmes esclaves et les criminels.

Nous avons eu, au commencement du siècle, un exemple de la

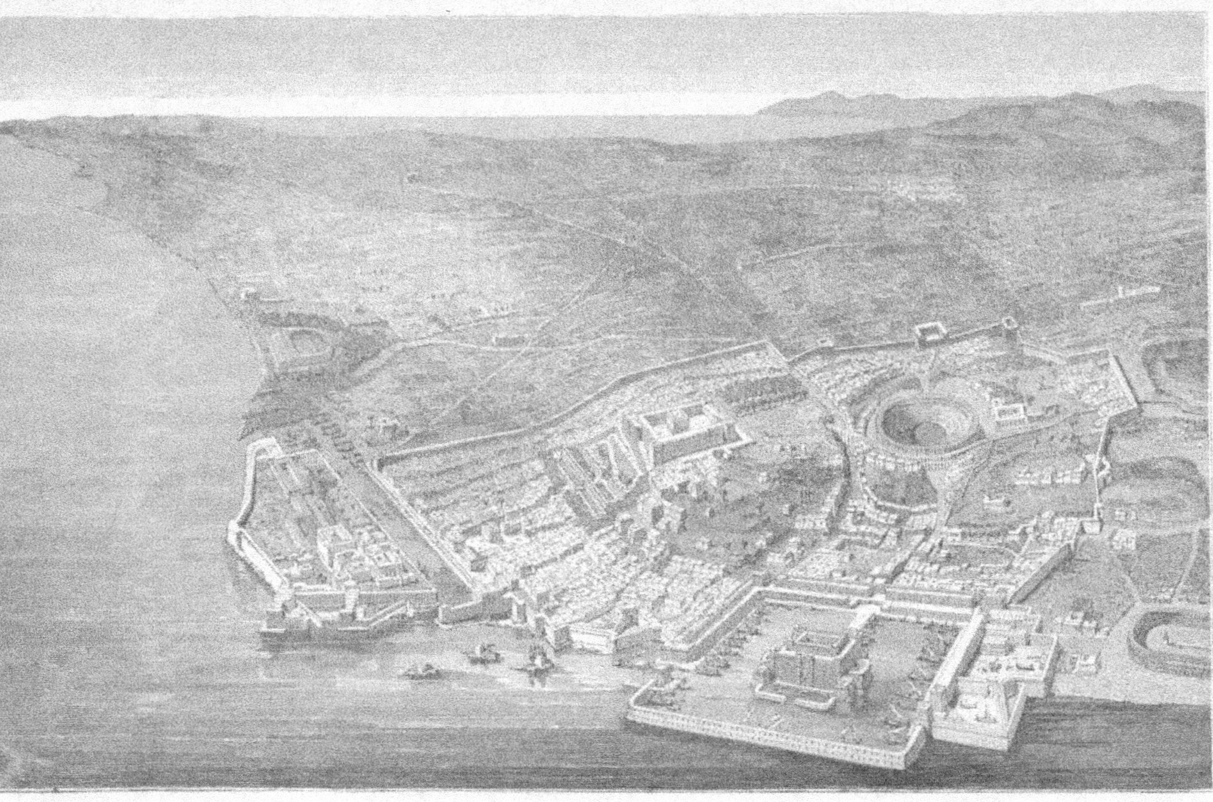

Vue d'Utique à l'époque du suicide de Caton.

rapidité avec laquelle il est possible d'improviser une marine composée de petits bâtiments. Le premier consul de la République française voulut renouveler les exploits de Duilius, et construire une flottille qui pût lui permettre de lutter contre la nouvelle Carthage; ces bâtiments légers n'avaient pas un tonnage qui fût moindre que celui des Romains. En moins de quelques mois il en sortit, non pas 2 ou 300, mais 2000, construits sur les bords de tous les grands fleuves du nord de la France, de la Belgique et de la Hollande.

Nelson fut chargé de repousser cet immense armement maritime, qui eût été beaucoup plus terrible si les 200 000 hommes qui devaient le monter avaient été, comme les soldats-matelots de la Ville Éternelle, habitués au maniement de l'aviron. Mais on avait renoncé à l'usage des galères, et l'on traita un peu les souvenirs de l'antiquité comme les perspectives de l'avenir. La rame, qui aurait pu devancer les merveilles de la vapeur, entrevue par Fulton, ne joua qu'un rôle accessoire dans la manœuvre de quelques péniches. On ne comprit pas que dans des mers d'une si faible étendue elle pouvait rendre autant de services que dans les grandes batailles de l'antiquité.

Les combats entre ces escadres de bâtiments légers et les vaisseaux de haut bord commencèrent le 5 septembre 1801. Une division de chaloupes, soutenue par les forts dont le premier consul avait fait couvrir la côte, résista avec avantage à l'attaque de la flotte anglaise. Quinze jours plus tard, Nelson recommença son opération avortée. Cette fois il avait joint à ses gros bâtiments des frégates, des bricks, surtout des péniches, des chaloupes canonnières, beaucoup plus maniables, et pouvant s'approcher très près du rivage.

Le combat, qui commença la nuit et fut des plus acharnés, offre une certaine ressemblance avec les grandes batailles navales du monde grec ou romain.

L'amiral anglais conçut le dessein d'envelopper complètement la flottille française. Ses péniches essayèrent de se glisser entre la côte et notre escadrille. Mais, écrasés par les projectiles qui pleuvaient de la terre et de nos vaillants navires, les agresseurs furent obligés de battre précipitamment en retraite.

Toutefois ces actions avaient eu pour résultat de constater qu'il était impossible de forcer le passage sans avoir à sa disposition une flotte de haut bord pour contenir l'ennemi.

Toutes les combinaisons du premier consul devenu empereur eurent pour but de trouver des ressources maritimes suffisantes pour y parvenir. Napoléon se résignait d'avance à une nouvelle bataille d'Aboukir, pourvu que pendant le combat sa flottille pût traverser la Manche et jeter la grande armée en Angleterre.

Un instant Napoléon crut qu'il allait réussir dans ce plan compliqué, et que l'escadre de Toulon allait arriver à son aide à l'instant psychologique. C'est dans cette espérance qu'il transporta son quartier général à Boulogne, et passa la revue de la grande armée dans des conditions exceptionnellement dramatiques.

Cette cérémonie, célébrée le jour anniversaire de la naissance du souverain du plus grand empire du monde, au bord de l'océan, sur une falaise du haut de laquelle on apercevait la flotte ennemie croisant à distance respectueuse, a produit des deux côtés du détroit une émotion immense, que la sculpture et l'architecture ont transmise jusqu'à nous par la colonne dont l'érection, commencée en 1804, ne fut terminée qu'en 1840. Mais le gouvernement britannique avait eu l'art d'intéresser à sa cause les grandes monarchies européennes. Napoléon fut condamné à gagner la bataille d'Austerlitz, et cette grande journée eut son triste lendemain, qui fut la défaite de Trafalgar. De la flottille de Boulogne il ne resta que ce qu'il reste d'un rêve dont, suivant l'expression du poète, on a reconnu l'horreur. La marine française fut pour ainsi dire anéantie par ce gigantesque effort.

CHAPITRE VIII

La nuit avait suspendu les travaux de la guerre. On était arrivé
au moment où les infortunés trouvent presque toujours un court
oubli de leurs maux. Un silence profond régnait dans tout le
camp. César va tenter ce que le dernier des soldats eût craint d'essayer : il traverse l'enceinte des tentes, enjambe les membres des
dormeurs qu'il voudrait punir de la négligence dont il tire parti :
enfin il arrive sur le rivage et aperçoit une barque attachée
par un câble à des rochers dont les vagues ont rongé le pied.
Les mariniers auxquels appartenait cet esquif reposaient dans
une cabane en planches, couverte de roseaux. César secoue la
porte à différentes reprises. Amyclas ouvre lentement les yeux,
étire lentement les bras et se dresse à moitié sur la paille où il
faisait de doux rêves. « Est-ce un naufragé qui vient me demander
mon aide ? Quel est le malheureux qui peut être réduit à réclamer
l'hospitalité d'une si humble maison ? »

Quoiqu'il ait pris l'habit d'un homme du peuple, César ne peut
cesser de parler en maître.

« Jeune homme, dit-il, si tu veux me conduire en Italie, tous
tes vœux seront comblés ! Tu n'auras plus jamais besoin de travailler pour vivre. Ne repousse pas la fortune, car c'est elle qui
vient frapper à ta porte. »

Mais Amyclas a observé la veille les signes qui indiquent le temps futur; sans avoir lu les *Pronostics* d'Aratus ou de Théophraste, un instinct sûr lui dit que l'ouragan va se déchaîner. Tous les pronostics naturels, avec lesquels il est familier, sont d'accord pour annoncer l'approche d'une tempête, et il les énumère successivement :

« Lorsque le soleil s'est approché de l'horizon, on n'a pas vu surgir de vapeurs, que les rayons de l'astre ont recouvertes des feux du couchant. Il est monté au ciel de gros cumulus opaques, répartis par étages, poussés dans des directions divergentes, et laissant entre eux des trous, par lesquels passaient des rayons semblables à ceux des gloires que l'on voit briller aux pieds de Jupiter dans ses temples.

« L'astre lui-même avait une forme bizarre : on eût dit qu'il avait été doublé et bosselé. Le croissant de la lune n'a pas été non plus bien net. Les cornes sont devenues difficiles à voir. Le centre avait une teinte rouge de sang; bientôt Diane a pâli, et avant l'heure de son coucher elle a disparu, cachée par des nuées. »

Tous ces symptômes tirés de l'aspect du ciel ne sont point seuls à avoir épouvanté Amyclas : les arbres des forêts ont été agités de tressaillements inexpliqués; sans cause apparente, des coups de mer ont frappé le rivage; les dauphins, saisis d'une activité fébrile, semblaient insulter au calme des flots et prendre à tâche de provoquer leur soulèvement; les plongeons volaient sur terre et les hérons allaient poursuivre les hirondelles dans les régions où jamais elles ne se montrent; enfin la corneille se promenait avec inquiétude sur le sable.

Mais tous ces présages de mauvais augure n'arrêtèrent pas Amyclas, que la perspective d'une riche récompense et l'air assuré de l'étranger ont subjugué. « Malgré tous ces signes menaçants, dit-il, je n'hésite pas à te prêter mon concours. Nous allons embarquer, puisque de graves intérêts réclament ton départ. Si je ne parviens pas à te transporter de l'autre côté de l'Adriatique, il faut que les vents et les flots se soient coalisés contre moi. »

Tout en parlant, Amyclas détache sa barque, la pousse au large et dresse sa voile. Bientôt ses craintes se réalisent : les vents se déchaînent avec tant de violence que les étoiles semblent se détacher du ciel. Puis une horrible nuit couvre l'horizon. L'onde menaçante roule, bouillonne et soulève d'épouvantables tourbillons.

« Avec ce tumulte des ondes, dit alors Amyclas, ni cette barque, ni les eaux ne pourront nous porter. Le seul moyen de salut est de retourner en arrière ; laisse-moi regagner le rivage avant que la terre soit plus éloignée », dit-il à César.

Mais ce dernier est sûr que devant lui tous les périls doivent s'incliner.

« Méprise, dit-il, les périls de l'océan, ne crains pas d'exposer ta voile au vent furieux. Le ciel te défend d'avancer, mais moi je te l'ordonne. Ta crainte n'a pas une seule raison légitime, tu ne sais pas le nom de celui que tu portes. Jamais les dieux n'abandonneront cet homme-là. Lance-toi à travers les tempêtes et ne crains rien, car je te protège. Cette tourmente ne s'adresse qu'au Ciel et à la Terre, non pas à notre barque, qui porte César. Un tel passager te défendra ; si la Fortune bouleverse ainsi l'air et la mer, ce n'est que pour essayer ce qu'elle peut contre moi…. »

A peine César a-t-il parlé qu'un coup de vent furibond déchire la voile qu'Amyclas a dressée. Les flancs de la barque laissent échapper des gémissements. Il semble que tous les vents se précipitent à la fois de leur retraite accoutumée ; la mer ne demeure dans son lit que parce que tous ses rivages sont défendus à la fois avec un égal acharnement.

De la cime des vagues, César découvre les profondeurs escarpées de l'abîme. Éole s'épuise pour soulever les ondes. Il montre les sables sur lesquels Neptune repose. Quand les flots s'ouvrent, la pointe du mât est dominée par l'eau furieuse. Tantôt la voile semble toucher les nuages, tantôt la quille paraît heurter le fond de la mer. Amyclas ne sait plus ni quelle vague éviter, ni quelle vague il doit toucher avec sa proue. C'est la discorde des flots qui le sauve. La lame qui va le submerger ne peut rien contre la vague qui va le relever. L'onde bat le flanc qui penche; c'est elle qui le redresse.

Alors César s'aperçoit que le péril est à la hauteur de sa fortune.

« Il faut que les dieux, dit-il, aient beaucoup de peine à m'abattre, puisqu'ils emploient une telle tempête pour venir à bout de ce modeste esquif. Si le destin veut que l'heure de mon trépas ait sonné, j'accepte sans réclamer la mort, car j'ai fait assez pour ma gloire. J'ai dompté les nations du nord et j'ai vu tomber mes ennemis à mes pieds. Non, dieux immortels, je n'ai pas besoin de funérailles; vous pouvez garder mon cadavre en lambeaux au milieu de l'océan, pourvu qu'on craigne à jamais de me voir apparaître soudainement quelque part. »

Il parlait encore, qu'une vague immense saisit la barque et la précipite dans une baie où du sable fin remplace les rochers bordant le reste du rivage.

Royaume, fortune, tout se retrouve à la fois !

Lorsque le jour revint, César ne chercha pas, cette fois, à se dissimuler à ses compagnons. Aussitôt qu'on l'aperçoit, la foule des soldats l'entoure, elle l'assiège de doux reproches. « Où t'emportait ta valeur téméraire? s'écrie-t-on de toutes parts. Quel sort nous réservais-tu à nous, dont sans toi la vie est si peu de chose? Quand de ton salut dépend le sort de tant de nations, pourquoi donner tes membres à disperser à la tempête? »

Plus de dix-huit siècles s'écoulent dans le sablier du Temps sans que l'histoire de la barque de César soit oubliée. Le général en chef de l'armée d'Italie la savait par cœur.

Quelques historiens prétendent que, sur le champ de bataille même d'Aboukir, le vainqueur d'Arcole et de Lodi avait reçu de Paris un message secret, signé par les trois directeurs de la République française, qui le rappelait en Europe.

Ce qu'il y a de certain, c'est que, le 21 août 1799, le triomphateur de la bataille d'Aboukir s'esquivait comme un vaincu.

De même que César, trompant la vigilance de ses compagnons d'armes, il s'embarquait à bord de la *Muiron*. Ce n'était pas à un simple bateau de pêcheur que Bonaparte confiait sa fortune, c'était à une vaillante frégate vaillamment commandée. Mais la mer appartenait aux Anglais, qui avaient couvert la Méditerranée de leurs croiseurs, afin d'empêcher l'armée d'Égypte de communiquer avec la République. Plus heureux sur l'Adriatique, le modèle de Bonaparte n'avait point à craindre de rencontrer les galères de Pompée.

A peine le général Bonaparte avait-il perdu de vue le rivage d'Égypte, que le vent tomba presque complètement. Les marins tremblaient d'être surpris par l'ennemi, et, comme les matelots de César, effrayés de la tempête, ils voulaient rentrer au port.

Mais Bonaparte s'y refusa avec une inébranlable résolution. Persister, c'était s'exposer aux pontons anglais ; revenir au port, c'était livrer sa tête à des compagnons d'armes courroucés. L'impétueux Kléber aurait certainement donné à un peloton d'exécution celui qu'il embrassait la veille devant toute l'armée en lui disant : « Général, vous êtes grand comme le monde ! »

Bonaparte se rendait bien compte du revirement que sa fuite avait produit, mais il avait une confiance inébranlable dans sa fortune. « Soyez tranquilles, disait-il, nous passerons. »

Après s'être décidés à souffler, les vents voulurent donner un exemple signalé de la peine avec laquelle ils se prêtent aux calculs humains : jamais leurs caprices ne furent plus incertains.

Bien des fois pendant la traversée on avait aperçu l'ennemi.

Seul Bonaparte continuait à croire à son étoile. Il se promenait calme et serein sur le pont, refoulant dans le fond de son cœur ses appréhensions.

Ses lectures favorites étaient graves et appropriées aux circonstances extraordinaires dans lesquelles il se trouvait : c'étaient la Bible et le Coran.

La *Muiron* avait surtout à redouter le moment où elle toucherait les côtes de France, vers lesquelles elle voguait au milieu de tant de périls.

En effet, les nouvelles que Bonaparte avait reçues d'une source encore mystérieuse étaient terribles. Il semblait que la République, vaincue, allait être la proie de l'invasion. C'était pendant que Bonaparte était en mer que Masséna avait sauvé la patrie par une série de victoires, plus belles encore, plus difficiles à obtenir que celles de Jemmapes et de Valmy. Mais le vainqueur d'Arcole et de Lodi n'en savait rien.

Craignant que l'armée ennemie n'eût débouché des Alpes, Bonaparte avait donné l'ordre de débarquer à Port-Vendres, le plus loin possible de Toulon. Mais un violent coup de vent d'Afrique avait repoussé la frégate dans le golfe de Gênes, et la *Muiron* avait fait escale à Ajaccio.

L'île entière s'était levée pour saluer avec enthousiasme le grand capitaine. Bonaparte n'avait recueilli dans ce triomphe qu'une seule chose : Toulon n'avait point *été* envahi. Immédiatement la *Muiron* fit voile vers notre grand port militaire. Mais si Toulon était libre du côté de la terre, il était étroitement bloqué du côté de la mer par une escadre ne perdant pas une seule fois de vue l'entrée du goulet. Au milieu des feux du soleil couchant, les vigies purent compter une flotte de trente voiles qui croisait au large.

On proposait à Bonaparte de le mettre à terre avec un canot qui, profitant des ombres de la nuit, aurait trompé la vigilance des Anglais. Mais Bonaparte refusa, il préféra attendre.

Le lendemain, la *Muiron* et la petite escadre qui suivait sa fortune abordaient sans obstacle dans la baie de Cannes. Bonaparte était sauvé, mais la République était perdue. On eût dit que c'était le génie de la guerre qui arrivait. L'enthousiasme était si grand que toutes les formalités de quarantaine furent supprimées. On préférait s'exposer à l'invasion de la peste, plutôt que d'obliger le sauveur de la France à attendre un jour !

On ne se demandait pas pourquoi il venait en France. On ne cherchait pas à savoir s'il avait abandonné ses compagnons d'armes, en trahissant son mandat. Il arrivait, c'était tout ce que l'on demandait au Ciel.

Pendant que Bonaparte revenait, la victoire n'avait pas attendu son retour pour venir se ranger sous nos étendards. Mais la France n'avait point encore eu le temps de pardonner au gouvernement les périls qu'il lui avait fait courir, ni de s'apercevoir qu'elle était sauvée par l'épée de ses plus vaillants généraux. Un député patriote, Baudin des Ardennes, qui représentait bien le sentiment universel, mourut de joie en apprenant la grande nouvelle du débarquement. Les événements se succédèrent avec une rapidité telle, que de nos jours ils ne se seraient point enchaînés d'une façon plus torrentielle, malgré le téléphone et la vapeur.

Le 9 octobre Bonaparte débarquait en Provence, et le 5 novembre éclatait à Paris le mouvement militaire qu'il avait préparé. Le lendemain il était proclamé premier consul. Le nouveau gouvernement était installé sans que l'ancien eût trouvé, pour le défendre, autre chose que le poignard du Corse Arena.

Plusieurs années se passent; Bonaparte avait mis sur sa tête la couronne impériale; après la brillante série de victoires qui commencent à Austerlitz et finissent à Eylau, les souverains vaincus ne demandaient qu'à ouvrir des négociations. Mais le vainqueur n'était pas moins pressé de terminer une guerre qui, dans sa pensée, n'était qu'épisodique. Car c'était toujours l'Angleterre qu'il cherchait à atteindre. Dès les premières propositions qui furent faites, Napoléon accepta avec un enthousiasme qu'il eut beaucoup de mal à dissimuler. La perspective de rencontrer le jeune empereur, qu'il n'avait vaincu qu'avec l'espérance de le séduire, l'enchantait tellement, qu'il chercha à donner un éclat inusité à l'entrevue. Il décida qu'elle aurait lieu dès le lendemain. Afin qu'il ne fût pas dit qu'un des deux souverains avait fait les premiers pas, Napoléon eut l'idée pittoresque autant que poétique de déclarer qu'il rencontrerait Alexandre sur un radeau ancré au milieu du Niémen et placé par conséquent à égale distance des deux armées. Près d'un million d'hommes qui s'égorgeaient la veille purent voir de bien près avec quelle effusion leurs chefs s'embrassaient, car le Niémen n'est pas plus large à Tilsit que la Seine à Paris.

Avec tout ce que l'on avait pu recueillir d'étoffes précieuses, on construisit un pavillon réservé aux deux souverains qui, réunis, étaient positivement maîtres du monde.

Le 25 juin 1807, à une heure de l'après-midi, Napoléon quittait la rive gauche du Niémen. Il était accompagné du grand-duc de Berg, des princes de Neuchâtel, des maréchaux Bessières et Duroc, et du grand écuyer Caulaincourt. Au même moment, Alexandre s'avançait sur la rive droite, escorté de son frère le grand-duc Constantin et d'un brillant état-major.

Les deux embarcations impériales atteignaient le radeau au même instant. Dès qu'ils arrivèrent face à face, comme s'ils eussent cédé à un mouvement spontané, Alexandre et Napoléon se jetèrent dans les bras l'un de l'autre.

Sur les deux rives du fleuve s'élevèrent en ce moment des exclamations indescriptibles : deux voix puissantes, sortant de la terre, allaient porter jusqu'aux astres les immenses émotions de la terre. Aux troupes s'étaient joints les habitants de ces régions encore sauvages et qui manifestaient par des hurlements dignes

Le radeau du Niémen.

des bêtes fauves leur joie de se voir à jamais délivrés des horreurs de la guerre.

Plût au ciel que Chacune de ces deux majestés eût fini par comprendre combien elle était nécessaire à l'autre! Cette persuasion tardive, acquise au prix de tant de cadavres, n'aurait certainement point été payée trop cher si elle avait pu être définitive.

Mais il en fut de l'entrevue sur la barque du Niemen comme de tant d'autres.

Plus modeste, plus grossier encore que la barque de César, le radeau du Niemen aurait pu avoir une influence plus décisive sur les destins du monde. Il ne resta dans l'histoire que comme un témoignage de la peine qu'ont les hommes à accomplir les desseins les plus sages : car les passions et les intérêts mal compris soulèvent, sur l'océan de la politique, des orages plus dangereux que ceux dont César sut triompher au milieu des flots de l'Adriatique.

D'autres navires, qui n'avaient pas un tonnage bien supérieur à celui de simples barques, ont cependant exercé une influence décisive sur les destinées de la race humaine.

Qui ne mettrait au-dessus de la fortune de la barque de César celle de la *Fleur de Mai*, qui portait sur les bords du Delaware les premiers pèlerins allant fonder une société démocratique loin des orages de la vieille Europe!

Le *Welcome*, dans lequel Penn lui-même traversa l'Atlantique, en 1685, quelques années plus tard après cette pieuse et honnête avant-garde, n'eut pas une influence moins décisive par la fondation d'une communauté de travailleurs ne reconnaissant d'autre supérieur que le Créateur de toutes choses.

La traversée du navire sur lequel ce nouveau Lycurgue portait le résumé de la sagesse du vieux monde fut lente et pénible. Le voyage fut troublé par des tempêtes et des épidémies. Mais William Penn parvint sain et sauf au but de son exode.

Longtemps a vécu le vieux chêne sous lequel il avait signé, avec les habitants sauvages de ces régions éloignées, le pacte d'alliance. Ce n'est pas sous les coups du bûcheron que disparurent les branches en présence desquelles les Indiens avaient promis aux « visages pâles » que leur amitié serait pure et sans nuages, qu'elle serait aussi éclatante que le soleil brillant dans toute sa splendeur, et que la chaîne qui unissait dorénavant les deux nations ne serait jamais rompue, tant que la voûte des cieux serait décorée par les astres qu'on y voit resplendir.

CHAPITRE IX

L'annexion de la Bretagne à la France n'eut pas lieu à la suite d'une conquête, mais à la faveur d'un double mariage contracté par une noble princesse, dans des circonstances qui font honneur à son patriotisme.

Anne, fille du dernier duc François II, avait été fiancée à Maximilien, héritier présomptif de l'empereur d'Allemagne, et alors roi des Romains. Mais Charles VIII, roi de France, ne voulut pas laisser aux mains d'un prince étranger l'héritière d'une province renfermant 40 000 kilomètres carrés, et déjà peuplée de deux millions d'habitants. Comme un preux du moyen âge, il fit la guerre pour conquérir la dame de ses pensées. Non content de la prendre pour lui-même, il la légua par testament à Louis XII, son successeur, et lui imposa de l'épouser à son tour, afin que la France ne perdît pas le bénéfice d'une union toute personnelle avec le duché.

Louis XII, qui était déjà marié, trouva des prétextes pour répudier sa femme, qui était fille de Louis XI. Anne se prêta à toutes ces transactions avec une grâce inébranlable, et la Bretagne devint définitivement française. Honni soit qui mal y pense!

Cette seconde union eut un retentissement d'autant plus grand que les théologiens avaient eu des scrupules difficiles à vaincre, et que l'on put croire un instant que la duchesse allait repartir à Rennes, accompagnée de ses pages, de ses dames d'honneur et la couronne attachée à sa main.

Afin de montrer leur joie, les grandes villes de Bretagne se cotisèrent pour offrir à l'épouse de Louis XII un cadeau digne de la souveraine d'une nation de marins. C'était une magnifique caraque, à laquelle la reine donna le nom de *Marie la Cordelière*, parce qu'elle venait précisément d'ajouter à l'écu de ses armes une cordelière d'argent, avec cette inscription : « *J'ai le corps délié* ».

Le commandant de ce navire fut nommé par la reine ellemême. Le choix d'Anne tomba sur un brave marin, nommé en breton Portzmoguer, dont en français on fait Primauguet.

En 1512 les affaires de notre patrie étaient presque en aussi mauvais état qu'elles devaient l'être trois siècles plus tard, en 1812, à la veille de la première invasion.

Louis XII n'avait point été heureux dans sa guerre d'Italie, et une coalition se formait pour profiter du désarroi de nos armées.

Henry VIII d'Angleterre crut le moment favorable pour recommencer la guerre de Cent Ans. Il envoya au roi de France un héraut d'armes pour le sommer de lui rendre les provinces de Normandie, d'Anjou ou du Maine, qui faisaient, disait-il, partie de son héritage. Louis XII répondit comme un successeur de Philippe le Bel doit le faire, en relevant le gant qu'on lui lançait avec tant d'audace ; malgré les embarras et la détresse du trésor, il se prépara vigoureusement à prendre l'offensive sur mer.

A cette époque, les navires employés sur l'océan étaient de construction lourde, massive, et se prêtaient mal à la navigation le long des côtes tourmentées de la Bretagne. Louis XII, qui avait eu l'occasion de voir opérer les galères dans la Méditerranée, comprit l'importance des services qu'elles étaient appelées à rendre si elles étaient employées avec intelligence dans ces mers semées de tant d'écueils. Il donna donc ordre de faire venir dans les ports de l'Océan la division française qui opérait, avec les chevaliers de Malte, contre les Infidèles.

Les chevaliers de la langue d'Angleterre s'empressèrent de prévenir l'amiral Howard, commandant de la flotte britannique, du départ de la division des galères françaises, indiscrétion peu conforme aux statuts de l'ordre.

Lord Howard, qui était à la tête d'une flotte considérable, crut que, pour venir à bout des galères françaises, il suffirait de les bloquer assez étroitement pour qu'elles ne pussent faire usage de leurs rames. En conséquence, il se mit à croiser devant le goulet de Brest aussitôt qu'il sut que l'escadre était arrivée du Levant.

Il se croyait tellement sûr de son triomphe, qu'il écrivit au roi d'Angleterre pour l'engager à venir à son bord afin de jouir du spectacle d'une grande victoire navale.

Henry VIII, qui n'avait pas le moindre goût pour les expéditions maritimes, refusa, en déclarant à ce présomptueux guerrier que sa mission n'était point de tracer le programme des voyages de son prince, mais uniquement de vaincre les ennemis qu'il lui donnait à combattre.

En recevant cette réponse, qu'il avait eu le tort de s'attirer, lord Howard se considéra comme obligé de réparer par une prompte victoire sur mer l'échec qu'il avait reçu à la cour. Il se décida à attaquer dès le lendemain, à tout prix.

Le vent étant favorable, il força hardiment l'entrée du goulet, et eut bientôt refoulé la flotte française dans le petit port du Conquet, où elle était tellement à l'étroit, que les galères, serrées les unes contre les autres, ne pouvaient se servir de leurs rames.

Voulant porter lui-même le coup décisif, Howard dirige le vaisseau qu'il monte contre la *Cordelière*, l'aborde et saute à bord, sans attendre que les grappins se soient abattus sur le pont du navire français.

Profitant de l'imprudence que l'ennemi avait commise, l'amiral

français Préjean, qui commandait ce beau navire, trouve moyen
par une habile manœuvre de dégager son bâtiment. La *Cordelière* recouvre sa liberté : sur son pont est pris au piège l'amiral Howard, couvert d'une armure éblouissante, et portant sur
la tête un casque magnifique, couronné d'une orgueilleuse aigrette.

Howard n'avait autour de lui que quelques-uns des siens. Il se
sentit perdu et n'eut plus dorénavant d'autre passion que celle
d'une mort héroïque. Otant alors de son cou son beau sifflet à chaîne
d'or, il le jeta à la mer, afin d'éviter qu'un si glorieux trophée
ne tombât dans les mains de l'ennemi, et se défendît d'estoc et de
taille contre la nuée des assaillants. Mais Préjean avait vu quel
était le héros que sa mauvaise fortune avait amené sur le pont
de la *Cordelière*. Il ordonne aux matelots et aux hommes d'armes de
cesser d'attaquer l'amiral, qu'il se réserve l'honneur de pourfendre.
Puis il se précipite sur lord Howard avec fureur. Le combat reste
suspendu, comme ceux du vieil Homère lorsque Hector et Patrocle
se mesuraient l'un avec l'autre.

Pendant quelque temps les épées sont impuissantes à pénétrer
les cuirasses. Plusieurs fois Préjean a inutilement renouvelé l'attaque. Toute son impétuosité méridionale échoue devant la valeur plus froide de son adversaire. Heureusement, par un effort
d'adresse presque surhumain, il renverse l'amiral, qui tombe
à genoux sur le pont.

Prompt comme l'éclair, Préjean saisit cet instant pour plonger
son glaive au défaut de l'armure, et cloue l'Anglais sur le plancher de la *Cordelière*. Aucun des compagnons de lord Howard ne
voulut accepter de quartier, et tous trouvèrent comme lui une
mort glorieuse.

Privée de son chef, la flotte anglaise mit le cap sur la côte britannique, où elle fut suivie par la flotte française, qui exerça les
plus terribles ravages sur la côte de Sussex.

À la suite de cette action d'éclat, la *Cordelière* était devenue le but unique de la haine des Anglais. La destruction du bâtiment sur lequel avait péri leur amiral, dans des conditions si honorables pour la valeur française, semblait être le but unique de leurs efforts.

Malgré toutes ces embûches, la *Cordelière* continuait le cours de ses exploits.

Pour en venir à bout, les Anglais construisirent un grand navire, qu'ils nommèrent *Régente*, et auquel ils donnèrent des proportions tout à fait inusitées. Cette galère cubait mille tonneaux, et plus de mille hommes, tant marins que soldats, s'y trouvaient embarqués. Ils armèrent encore d'autres bâtiments d'un tonnage exceptionnel, parmi lesquels se trouvait le *Souverain*, presque aussi gros que la *Régente*. En somme, ils avaient réuni une flotte de quarante-cinq voiles et de trente lougres flamands, armement formidable pour l'époque, et en tout cas bien supérieur à celui que nos gouvernants avaient rassemblé.

Le 10 avril 1513, la *Cordelière*, séparée de l'escadre française, tomba au milieu d'un groupe de douze vaisseaux anglais, parmi lesquels se trouvaient à la fois la *Régente* et le *Souverain*.

Loin de perdre courage, Primauguet redoubla d'ardeur, et il fit manœuvrer la *Cordelière* avec tant de rapidité, qu'il déconcerta tous les desseins de l'ennemi. En moins d'une heure, sur les douze vaisseaux qui l'entouraient, il en mit trois hors de combat, et obligea deux autres à employer à s'éloigner ce qui leur restait de toile.

La vaillante caraque se tourna alors vers le *Souverain*, qu'elle eut bientôt démâté à coups de canon; mais un des anglais eut l'adresse de lancer à bord du navire de Primauguet une masse d'artifices allumés. Ce paquet enflammé tomba d'une façon si malheureuse qu'en un instant la *Cordelière* fut en feu. Il était évident qu'on ne parviendrait pas à éteindre l'incendie, qui se propageait avec une violence incroyable.

La plupart des matelots se jetèrent dans les chaloupes, et, comme il arrive toujours en pareil cas, ne songèrent qu'à leur salut personnel. Mais il y avait à bord de la *Cordelière* des héros, qui, se serrant autour de Primauguet, se sacrifièrent pour sauver l'honneur de leur pavillon.

Alors on vit s'accomplir des actes d'héroïsme qui n'ont pu être surpassés, et qui montrent que, sous tous les régimes, dans tous les siècles, les Français savent toujours mourir pour leur drapeau quand ils ne peuvent lui assurer la victoire.

Quoique le feu eût gagné les enflèchures, Primauguet parvint à se hisser dans la grande hune, poste élevé d'où il pouvait dominer la fumée qui enveloppait le pont, et se rendre compte par lui-même de la véritable situation des choses.

S'apercevant que la *Régente* était à quelques encablures, le vaillant capitaine devine que les flammes qui dévorent son navire, faisant l'office de voiles infernales, l'aideront à franchir cette distance. Il laisse porter sur l'ennemi, espérant ne pas périr avant de lui avoir communiqué l'incendie allumé par les projectiles dont il l'a lui-même criblé.

Comme un volcan flottant, la caraque s'avance. Du haut des hunes tombent les grappins : désormais la *Cordelière* et la *Régente* sont soudées l'une à l'autre.

Les Morlaisiens n'ont pas besoin d'envahir le pont de l'anglais. C'est le feu qui aborde avec une rapidité foudroyante. En un instant il arrive jusqu'à la soute aux poudres, et la *Régente* saute avec un épouvantable fracas, entraînant malheureusement la *Cordelière* et l'immortel Primauguet. Dix-sept cents hommes ont trouvé à la fois la mort dans cette catastrophe inouïe. Mais l'admirable Breton a vaincu, car les Anglais sont en plus grand nombre que les nôtres parmi les victimes de cette horrible boucherie.

Le nom de Primauguet n'a pas disparu de nos annales maritimes : il brille au gaillard d'arrière d'un de nos plus vaillants stea-

Combat de la *Régente* et de la *Cordelière*

mers; il rappelle aux marins de nos jours de quels exploits ils doivent être capables s'ils veulent se montrer dignes des héros que la Bretagne a produits.

Ce beau navire a été employé plusieurs fois pour d'intéressantes épreuves de machines. Plus récemment, il a servi dans la mer Rouge à terminer le pénible incident soulevé par le cosaque Atchinoff.

Près de trois siècles après la grande tragédie militaire et maritime que nous venons de décrire, la France était de nouveau en guerre avec l'Angleterre qui avait entraîné dans son orbite toutes les puissances européennes. Attaquée de toutes parts, affaiblie par la guerre civile, la France traversait une crise plus dangereuse peut-être que celle de la folie de Charles VI. En effet, le peuple s'était proclamé roi, mais on pouvait croire que le monarque était saisi de vertige, et ce n'était pas la gentille Odette qui, grâce à l'invention des cartes à jouer, était parvenue à calmer son délire. Toutefois ces jours sombres furent loin d'être sans gloire. Surexcitée par les malheurs publics, l'imagination populaire y trouva les éléments d'une patriotique légende, que le gouvernement d'alors consacra.

Au mois de mai 1794, la flotte française, créée avec mille difficultés, au milieu des plus mauvais jours de la Terreur, par l'inflexible persévérance des représentants de la Convention nationale, était réunie dans les eaux de Brest, sous le commandement de l'amiral Villaret-Joyeuse.

Le peuple était en proie à une affreuse disette, et l'on attendait avec anxiété l'arrivée d'un convoi de 70 navires chargés de grains et de farines, qui avait quitté l'Amérique dans le courant d'avril, sous la conduite d'une escorte à peine suffisante pour mettre à la raison quelques corsaires. Les Anglais étaient parfaitement au courant de ce qui se passait, et une escadre importante, commandée par l'amiral Howe, était sortie de Portsmouth afin d'empêcher à tout prix les vaisseaux sauveurs d'entrer dans le port.

Comprenant trop bien sa mission, l'amiral anglais avait eu soin d'éviter toute cause d'affaiblissement de sa flotte. Au lieu d'amariner ses prises et de les faire conduire en Angleterre, il les brûlait toutes en haute mer, ne conservant à son bord que les objets les plus précieux, et renfermant les équipages à fond de cale. Lorsque les deux armées navales se rencontrèrent, le 1er juin 1794, les Anglais avaient à leur disposition un grand nombre de bâtiments légers, qui, admirablement manœuvrés, parvinrent à jeter la confusion dans les rangs des Français, dont les lignes étaient coupées de toutes parts vingt-cinq minutes après le commencement de l'action. Nos marins ne se laissèrent pas déconcerter, et chacun de nos navires, ne comptant que sur lui-même, offrit une résistance énergique.

Lorsque se dissipa la fumée qui entourait la *Montagne*, sur laquelle il avait mis son pavillon, l'amiral français n'aperçut de toutes parts que vaisseaux désemparés : car les Anglais n'étaient pas moins cruellement maltraités que leurs adversaires. Grâce à l'acharnement des nôtres, la tactique de l'ennemi n'avait pas produit tous ses fruits : il était encore possible de disputer la victoire. Cependant on n'avait point demandé à Villaret-Joyeuse de vaincre : il suffisait qu'il mît l'Anglais hors d'état de nuire. Devant les ordres formels de Jean-Bon-Saint-André, représentant du peuple, chargé de surveiller les manœuvres de l'armée navale, le brave amiral renonça à recommencer le combat, et, se contentant de rallier quelques-uns des navires de son escadre, il retourna à Brest, tout à fait consolé de ses pertes, en songeant qu'il avait ouvert les portes de la France au blé que l'Amérique nous envoyait.

Affaibli par sa victoire presque autant qu'il l'aurait été par une défaite, l'amiral Howe avait été obligé de rentrer au plus vite dans Portsmouth. La mer était libre, et les transports attendus avec tant d'anxiété purent pénétrer dans le port de Brest sans rencontrer une voile ennemie. Le commandant du convoi, traversant le champ de bataille deux jours après la rencontre, s'aperçut, à l'importance des débris flottants, qu'il se trouvait dans des parages où s'était livré un des combats les plus acharnés que l'histoire ait enregistrés, et comprit que l'ennemi n'était plus à redouter.

Nous avions perdu sept navires; mais le peuple français avait du pain. De même que celui que donnaient les Césars à la tourbe romaine, ce pain n'était point assaisonné par la honte. Bien au contraire, ce combat naval malheureux avait reproduit la page la plus glorieuse de notre ancienne histoire bretonne. Dans les combats acharnés qui ont précédé la rencontre décisive, le vaisseau le *Vengeur* s'était montré un digne émule de la *Cordelière*, et le capitaine Renaudin un vrai compatriote de Primauguet. Au commencement de l'action, l'intrépide Renaudin s'acharna avec bonheur au *Brunswick*, qui lui était opposé; il allait lancer son équipage sur le pont de l'anglais désemparé, lorsqu'il se vit attaqué par l'*Achille* et le *Ramillies*. Sûr de ne pas périr sans entraîner un ennemi dans l'abîme, le capitaine français ne voulut pas, sous prétexte de se défendre, abandonner la proie qu'il tenait. Malheureusement la verge d'une ancre qui rendait solidaires le *Brunswick* et le *Vengeur*, se rompit. Sans cela on aurait vu encore une fois l'océan engloutir en même temps les deux adversaires.

Mais le *Brunswick*, dégagé miraculeusement, profita de cette bonne fortune pour envoyer dans les flancs du navire républicain une prodigieuse décharge. L'eau s'engouffra par les brèches que les boulets du *Brunswick* et du *Ramillies* avaient ouvertes. Le *Vengeur* s'enfonça lentement, sans que l'équipage songeât à amener nos couleurs, qui flottaient glorieusement à l'arrière.

Saisis malgré eux d'admiration, les Anglais envoyèrent des barques pour recueillir l'équipage qui avait montré tant de vaillance. Plus de deux cents marins ne purent ou ne voulurent profiter de l'humanité des ennemis. Formant un groupe sublime sur le pont, et agitant leurs armes et leurs drapeaux, ils s'enfoncèrent dans les flots aux cris mille fois répétés de « Vive la République! »

La Convention nationale rendit les plus grands honneurs au *Vengeur* et à son équipage. L'Assemblée décida qu'un autre *Vengeur* serait mis immédiatement en chantier, et qu'un modèle de l'héroïque bâtiment serait suspendu aux voûtes du Panthéon, comme l'*Argo* l'avait été à celles du temple athénien, où l'ordre des oracles l'avait fait attacher.

Quel que soit l'héroïsme dont ces marins de la première République ont fait preuve, ils n'avaient pas mieux mérité de la patrie que ces obscurs brûlotiers français du dix-septième siècle qui se précipitaient à force de voiles sur les navires anglais, le plus souvent au moment du coucher du soleil. Lorsqu'ils étaient assez habiles et heureux pour aborder l'ennemi sans être coulés bas, ils enchevêtraient leurs vergues dans les siennes, mettaient en un tour de main le feu aux matières combustibles dont ses bâtiments étaient chargés, et se sauvaient à force de rames, en profitant des ténèbres. Canaris, dans sa lutte contre les Turcs, n'a eu qu'à imiter ces braves gens dont l'héroïsme est d'autant plus admirable qu'ils savaient bien à l'avance que la seule récompense qu'attendait leur courage était celle que leur conscience pourrait leur donner, et que nul écrivain ne prendrait la peine de célébrer leur vaillance.

Ce qui distingue surtout notre époque, ce n'est pas que nous sommes plus vaillants que nos ancêtres, mais on ne croit plus le courage un monopole des classes dirigeantes. Les citoyens et le gouvernement rivalisent de zèle pour éterniser la mémoire des plus humbles défenseurs de la patrie. Nous avons du bronze et du marbre, non seulement pour les amiraux, mais pour les simples sergents. Nos héros à l'épaulette de laine sont traités comme ne l'étaient pas autrefois tous les amiraux.

Pourquoi, comme l'ont demandé des esprits généreux, ne ferait-

Le Vengeur.

on pas remonter jusqu'aux braves d'autrefois cette justice rétro-
spective? Chacun connaît bien les étoiles de première grandeur,
les Robert Surcouf, les Duguay-Trouin, les Jean Bart. On vient
de reconstituer l'histoire des Bouvet, cette vaillante famille de
corsaires dont la vie est une admirable épopée maritime. Mais
que de vaillants matelots, que d'intrépides capitaines, ont droit à
une part de gloire! que de navires oubliés méritent de devenir

Brûlot français du xviie siècle.

célèbres! que de lacunes dans les annales maritimes de la France
rachètent en détail les grands désastres de la Hogue, d'Aboukir
et de Trafalgar.

Sur l'océan nous avons eu nos francs-tireurs, nos enfants
perdus, nos admirables corsaires, à qui la convention de 1856
n'empêchera pas de rendre le domaine de la mer si la France
doit faire parler de nouveau la poudre contre une grande puissance
navale.

Nous voudrions au moins les citer tous, les noms de ces braves, qui ont illustré tous nos ports, afin de les sauver de l'oubli, qui détruit le souvenir de leurs exploits, du poids des ans, qui écrase de plus en plus le souvenir de leur poétique carrière!

Qui pense à Drieux, le commandant de l'*Alerte*, si bien nommée! qui songe à ses exploits à bord de la *Confiance*, à son intrépidité dans l'abordage du *Kent*! qui donc a écrit une histoire de Léveillé, de Dunkerque, le capitaine de la *Psyché*, cette belle frégate corsaire illustrée plus tard par Tréhouart dans son combat contre la *Wilhelmina*, et par Bergeret dans sa lutte contre le *San Fiorenzo*! Où trouver la vie de Cassard, de Nantes, qui, après avoir enlevé Carthagène aux soldats et aux marins du roi d'Espagne, l'arracha aux flibustiers du gouverneur de Saint-Domingue, qui la mettaient au pillage pour leur propre compte!

Mais il serait impossible même de songer à raconter d'une façon un peu complète l'histoire maritime d'un seul de nos ports de guerre. Rien qu'à Saint-Malo nous serions hors d'état de passer une revue de nos *troupes légères de la mer*. En effet il nous faudrait parler de Pierre Porcon de la Barbinais, le Régulus français, de Josset, qui, comme Brisson, fit sauter son bâtiment plutôt que de le rendre, d'Alain Porée, de Pierre Legout, le capitaine du *Grénédan*, de Maupertuis, le père de l'astronome, d'Emmanuel Leroux, le héros du combat entre le *Renard* et l'*Alphea*, de Jacques de Bon, le commandant du *Bougainville* et de la *Sorcière*, de Jean-Marie Cochet, qui, prisonnier à bord de la *Danaé*, s'empara de cette frégate du roi d'Angleterre; et de tant d'autres!

CHAPITRE X

LE HÉROS

Même après la trahison dont Dupleix fut victime, et les tragiques erreurs de Lally-Tollendal, le soleil de l'Inde eut encore de beaux jours pour notre pavillon fleurdelisé.

La funeste paix de 1763 nous avait rendu notre empire colonial tronqué, mutilé, mais on nous avait cependant restitué une ville qui pouvait servir merveilleusement de centre d'opérations. Pondichéry était encore à nous !

Malheureusement l'imprévoyance dont nous avons toujours fait preuve nous empêchait de préparer à la future revanche les loisirs forcés de la paix. Les murailles de la vaillante cité qui avait si longtemps balancé la fortune de Madras avaient été renversées par les Anglais lorsqu'ils s'étaient emparés de la capitale de nos établissements, et la Compagnie des Indes avait trouvé qu'il en coûterait trop cher de les relever.

Les Anglais n'attendirent pas que la guerre fût déclarée pour se pécipiter sur une ville que d'indignes administrateurs avaient laissée ouverte. Comme ils n'avaient pas donné aux nôtres le temps de creuser des fortifications de campagne, les ennemis croyaient entrer sans résistance dans une place ouverte et presque sans garnison. Mais le commandant des troupes du roi était un brave officier, digne d'être à la tête de véritables

Français. Quoique assailli par des forces incomparablement supérieures, M. de Bellecombe se défendit avec tant de vaillance qu'il parvint à repousser l'adversaire. Il eût triomphé s'il avait été aidé par la flotte, qui l'abandonna honteusement. Cependant la lutte dura pendant quarante jours, et fut si brillante, que le général anglais accorda à la garnison vaincue les honneurs d'une capitulation. On la ramena en France, avec armes et bagages, aux frais du roi d'Angleterre.

Lorsque ces événements furent connus à Paris, ils produisirent une émotion facile à comprendre ; le gouvernement résolut d'envoyer dans l'Inde d'imposants renforts, sous la conduite d'un homme capable de réparer tant de fautes.

Le choix du ministère ne s'égara pas cette fois, il tomba sur le meilleur de nos marins, le seul qui, dès qu'il eut été nommé commandant en chef, ne fut jamais battu par les Anglais. Déjà deux fois, une première à la fin de la guerre de 1748, et une seconde en 1760, Suffren avait eu le malheur d'être capturé par nos rivaux. Il faisait partie des malheureux qui avaient inauguré les horribles prisons flottantes où tant d'infortunés matelots expièrent les triomphes de nos armées de terre! Il fut renfermé dans ces odieux pontons qui, pendant les guerres de la République et de l'Empire, furent l'opprobre du gouvernement anglais. Il ne sortit de cet enfer qu'après avoir fait le serment de se venger.

Mis en liberté à la signature du honteux traité de Paris, il s'était préparé à la revanche en prenant part à des expéditions contre les Barbaresques, que quelques vaillants chevaliers de l'ordre de Malte poursuivaient avec acharnement. Suffren est du petit nombre de ceux qui ont protesté contre la mollesse et l'abâtardissement de l'ordre, par une obéissance inflexible à ses statuts, et qui jamais n'eurent d'autre fanatisme que celui de la gloire.

Aussitôt que vint le grand jour où Louis XVI recommença la

lutte que le traité de Paris avait interrompue d'une façon si honteuse, Suffren, qui avait été nommé un des baillis de la langue de France, s'empresse de prendre du service dans les rangs de l'armée royale. Il demande lui-même à être mis sous les ordres du comte d'Estaing, prend part à plusieurs actions navales, et montre tant de vaillance, qu'on jette les yeux sur lui dès qu'il est question de réorganiser l'armée navale de l'Inde.

Il fut envoyé comme chef d'escadre dans ces océans lointains, où il brûlait de s'illustrer d'une manière qui fût utile à la France; mais il n'eut pas besoin de parvenir au terme de son voyage pour trouver la gloire.

A peine le *Héros* était-il arrivé à la hauteur des Canaries, que le vaillant amiral recevait la meilleure nouvelle qui pût faire palpiter son cœur de marin.

Le commodore Johnston, l'officier le plus redouté de la marine britannique, était arrivé aux îles du Cap-Vert avec une forte escadre. Elle n'était pas assez supérieure à celle des Français pour que leur chef pût être blâmé s'il tentait le sort des combats.

Immédiatement le bailli de Suffren va chercher l'Anglais à son mouillage. Le *Héros* arrive fièrement sur la bouée de l'ennemi. Il appuie ces manœuvres provocatrices par la décharge de tous ses canons. Les quatre vaisseaux et les deux frégates que commandait Suffren suivent l'exemple de l'amiral. Une action terrible s'engage. Elle est inscrite, dans l'histoire des victoires des Français, sous le nom inoubliable de combat de la Praga.

L'armée navale d'Angleterre aurait pu être exterminée d'un seul coup si tous les capitaines de la flotte française avaient suivi l'exemple de leur vaillant commandant. Malheureusement l'indécision d'officiers braves, trop habitués à se battre à leur heure, et à ne point obéir aux signaux, laissa à l'ennemi le temps de disparaître.

Mais Suffren put arriver à temps au Cap pour déposer une

forte garnison dans cette place, qui appartenait à nos alliés de Hollande.

Après avoir mis cette admirable colonie à l'abri de toute surprise, Suffren se rendit à Port-Louis, où se trouvait l'amiral d'Ovres, officier indolent, qui se plaisait à rester dans le port de l'île de France, transformée en île de Calypso.

L'arrivée de Suffren rappela ce marin trop léger à ses devoirs, et, quelques jours après, la flotte appareillait pour l'Hindoustan. Dès le lendemain du départ de Port-Louis, les vigies signalaient une voile anglaise. C'était l'*Annibal*, un navire de 74, qui cherchait à s'esquiver.

Suffren avait pour principe que celui qui prétend à l'honneur d'être chef doit toujours commencer par donner l'exemple à ses officiers. Le droit d'être sévère et, au besoin, impitoyable, il pensait qu'on ne peut l'acquérir que par quelque exploit. Immédiatement il se mit à la poursuite de l'anglais.

Bientôt éclata une de ces tempêtes terribles dans lesquelles le ciel et l'eau se confondent en une trombe immense. Suffren ne lâcha pas prise. Il ne songe à la sûreté du navire qu'il commande, qu'autant que les manœuvres qu'il ordonne ne lui font pas perdre de vue l'ennemi. Plutôt que de le laisser s'échapper, il sera, s'il le faut, englouti comme lui dans le centre du typhon.

A peine la tempête s'est-elle calmée que le combat recommence. L'*Annibal* est canonné avec entrain, et abordé avec un élan irrésistible. Au bout d'une demi-heure il est amariné, et le vainqueur se met à la recherche de la flotte française, qu'il rejoint, avec sa prise, à bord de laquelle il a placé un équipage suffisant.

L'*Annibal* fit toute la campagne sous pavillon français. Mais ce beau fait d'armes n'eut pas seulement pour résultat d'augmenter nos forces d'un excellent navire. Quelques jours après, l'amiral d'Ovres, se sentant à toute extrémité, délégua le commandement suprême à un marin qui venait de donner une preuve si

Le combat devant Goudelour va rendre le *Héros* maître des mers de l'Inde. (Voir p. 151.)

brillante de son courage. On peut dire que la résolution de se
choisir lui-même un tel successeur est le premier service réel
que le comte a rendu à la patrie. Pareil changement était indispensable pour une opération aussi difficile que le transport
d'une armée dans l'Hindoustan, dont aucun port ne nous appartenait plus.

Avec une fureur digne de l'antiquité, sir Edward Hughes se jette
sur le convoi qui porte les troupes de débarquement; mais Suffren
n'est pas homme à laisser sans défense les transports placés sous
sa garde. C'est le *Héros* qui se lance à la défense des bâtiments
menacés. Le navire contre lequel il se heurte est le *Superbe*, que montait sir Edward en personne. Bientôt le grand mât du *Superbe* tombe
sous les boulets du *Héros*. Le feu du *Superbe* se ralentit. Plusieurs
des navires qui l'appuient ont été écrasés par les Français.

Le combat devant Gondelour va rendre le *Héros* maître des
mers de l'Inde, et compléter la victoire interrompue de la Praga.
Cette fois, les capitaines sont pleins d'ardeur, aucun n'ose dés-
obéir au chef suprême;... mais la brume, la pluie et les orages
lui arrachent les Anglais.

Cinq jours après, trois mille hommes de troupes débarquaient
à Porto-Nuovo, s'emparaient de cette place, et formaient leur
jonction avec l'armée du vaillant prince, qui n'a pas attendu l'arrivée des Français pour lever l'étendard de la guerre sainte contre
les Anglais.

Pendant que la France abandonnait l'Inde, l'Inde ne s'abandonnait pas. Un vaillant soldat se déclarait roi de Mysore, et fondait
dans l'Inde méridionale le plus puissant empire qui s'y soit jamais
établi. Hyder-Ali aimait la France et les Français. S'il y avait eu
sur terre un autre Suffren, la puissance britannique était à jamais
détruite dans ces riches et belles régions. Mais tandis qu'un Bellecombe versait héroïquement son sang, la flotte française se repo-
sait dans les eaux voluptueuses de Port-Louis! Pendant que Suffren

communiquait à nos marins l'ardeur patriotique qui le dévorait, nos troupes de terre restaient inertes, stupidement maintenues dans leur camp.

Le bailli de Suffren ne se repose pas. Le *Héros* reprend immédiatement sa croisière. Il veut à tout prix retrouver sir Edward Hughes, dans lequel il sent un adversaire digne de lui. Il le rencontre le 12 avril à la hauteur de Ceylan. Le *Héros* se jette sur le *Superbe*, et le combat commence à petite portée de fusil.

Le tir de l'anglais a tant de précision que les manœuvres du *Héros* sont hachées par la mitraille. Le vaillant navire ne peut plus manœuvrer. Le vent l'écarte du *Superbe*, mais il le lance sur le *Monmouth*. En un clin d'œil le bâtiment perd son grand mât d'artimon, il va être enlevé à l'abordage ; mais son capitaine a l'heureuse idée de le laisser à la dérive.

Grâce au vent et à la brume, sir Edward Hughes échappa encore une fois au *Héros*.

Après cette nouvelle victoire, Suffren résolut de s'entretenir personnellement avec notre allié, pour convenir de tous les détails de la campagne projetée. Cette entrevue féerique eut lieu à Gondelour, le 26 juillet 1782. Dès la pointe du jour, Suffren se rendit processionnellement à terre, où il fut reçu par l'armée du nabab, avec toute la pompe que les princes de l'Orient savent mettre dans leurs grandes cérémonies. Ses troupes avaient interrompu leurs victoires, pour montrer au représentant du roi de France la puissance du prince qui se faisait gloire d'être son allié.

Au moment même où il allait s'embarquer dans sa chaloupe, l'amiral apprit par un aviso l'arrivée à l'île de France du célèbre Bussy, avec six vaisseaux de guerre, deux frégates et un grand nombre de bâtiments de commerce. Il eut la joie de faire part lui-même à Hyder-Ali de cette nouvelle, qui devait changer la face des affaires dans l'Orient. Transporté d'enthousiasme, le nabab détacha de son turban une aigrette en diamants, dont il orna lui-

Le bailli de Suffren.

même le chapeau de l'amiral français. Il lui présenta aussi un habit à la mauresque, en drap d'or, et deux bagues d'un grand prix. Chaque capitaine reçut une tunique de gaze d'or, un cachemire, avec une plaque enrichie de diamants et de pierres précieuses.

L'usage oriental étant d'ajouter un cheval à ces objets, le nabab donna en outre à chacun mille roupies. Comme le bailli aurait eu droit à un éléphant, il lui fit compter par son trésorier une somme décuple.

Mais les combats étaient les véritables fêtes du bailli. A peine celles de Gondelour sont-elles terminées que Suffren se dirige sur Trinquemale, place forte de l'île de Ceylan, dont les Anglais se sont emparés.

Cette fois l'amiral abandonna le *Héros* ; il se mit à la tête des troupes de débarquement. Cinq jours suffisent, tant est irrésistible l'élan qu'il imprime à l'attaque, et la place se rend à discrétion.

Lorsque l'amiral Hughes arrive de Madras, avec une escadre chargée de troupes fraîches, pour renforcer la garnison, il a la douleur de voir que le pavillon fleurdelisé flotte déjà sur les murailles du fort qu'il vient secourir. Il fait une prompte retraite.

En voyant son adversaire ordinaire s'esquiver, le bailli reprend la mer, mais il essuie encore une violente tempête, et cette fois le *Héros* ne peut suivre l'ennemi avec lequel il est habitué à se mesurer.

Le bailli de Suffren, qui était affecté d'une certaine corpulence, gênante dans les pays trop chauds, redoutait beaucoup les ardeurs du soleil. Afin de s'y soustraire, il avait pris pour coiffure un chapeau gris, à larges bords, qui devint bientôt aussi célèbre dans les mers de l'Inde que le tricorne de Napoléon sur les champs de bataille de l'Europe, et la casquette du père Bugeaud dans toute notre Algérie.

Nous n'avons pas le courage de raconter les hauts faits qui ont créé une légende qu'on raconte encore dans l'Hindoustan, et qui semblent tenir plus du roman que de l'histoire.

Le *Héros* avait beau faire, beau se multiplier, il ne pouvait inspirer le désir de s'illustrer aux commandants de l'armée de terre. Leur inactivité, leur inintelligence, leur répugnance à se mesurer avec l'ennemi, n'avaient point pris fin avec l'entrevue de Gondelour. Triste destinée d'une nation généreuse de n'être jamais complètement bien servie ! Les succès obtenus d'un côté étaient toujours paralysés par des revers imputables à l'incapacité, à la trahison et à la lâcheté.

Cependant, à force de persévérance, de génie militaire, de science navale, le bailli de Suffren arrivait, contre nous-mêmes, à rétablir nos affaires. Ni la mort de Hyder-Ali, ni l'inaction de Bussy, ni l'indiscipline de ses capitaines, n'empêchaient ce grand homme de s'approcher lentement, sûrement de son but : l'expulsion complète des Anglais était imminente. Tippoo-Saheb, le fils du grand sultan de Mysore, se montrait digne de son père. Il venait de remporter une victoire décisive ; la dernière armée que l'Angleterre possédait dans la péninsule avait été obligée de lâcher prise, et d'assiégeante elle devenait assiégée.

Redevenu digne de ses anciens exploits, le vieux Bussy avait retrouvé son antique bravoure, et la flotte victorieuse de Suffren allait se rendre devant Madras, où sir Edward Hughes s'était précipitamment retiré. Mais un bâtiment anglais arrive sous pavillon parlementaire, apportant une nouvelle pire que celle d'une bataille perdue. La paix est signée.

Ce déplorable fruit de nos victoires ne fait que confirmer les concessions que les défaites accumulées nous avaient arrachées !

L'Inde nous est enlevée une troisième fois, par notre gouvernement, accordant, par ostentation de générosité, ce que, malgré des prodiges de vaillance et de patriotisme, nos ennemis n'auraient pu conquérir en vingt ans de succès !

Nous renoncerons à dépeindre la colère des officiers et des matelots du *Héros* lorsqu'ils se virent obligés de remettre dans le fourreau l'épée qui portait de tels coups ! Notre plume ne tracera pas le long et pénible voyage de Pondichéry à Toulon, où le navire, chargé de lauriers inutiles, fut expédié pour désarmer.

Si nous ne craignions d'allonger trop notre récit, nous décririons la réception triomphale qui fut faite au bailli de Suffren par des populations indignées, qui n'avaient point, hélas ! d'autre moyen de protester contre une si méprisable diplomatie.

Les états du Languedoc signalèrent les derniers jours de leur existence en faisant frapper en l'honneur de M. de Suffren une médaille qui portait d'un côté son effigie et de l'autre : « Le Cap protégé, Trinquemale pris, Gondelour sauvée ». Jamais ni les Turenne, ni les Condé, ni même le maréchal de Saxe, ne reçurent un accueil plus enthousiaste. La cour eut le bon esprit de renchérir encore sur ces hommages. Lorsque le bailli entra dans la grande salle des Glaces, le maréchal de Castries, alors ministre de la marine, s'écria : « Messieurs, voici M. de Suffren ! » A ces mots les gardes du corps se levèrent, et firent cortège à l'amiral jusqu'à la chambre du roi. Le roi l'entretint longuement, afin de recevoir de sa bouche les détails les plus circonstanciés sur les moyens de réparer les fautes commises par sa diplomatie, puis il l'embrassa devant toute la Cour. La reine tint à le conduire elle-même chez le dauphin. « Mon fils, dit-elle, voici M. de Suffren ; apprenez à répéter de bonne heure le nom des héros de votre pays. »

On créa pour le bailli une charge supplémentaire de vice-amiral de France, qui devait être supprimée après sa mort.

Mais il ne devait pas jouir longtemps de son triomphe, et cette charge, créée à titre si honorable, allait être éteinte dans des circonstances à jamais lamentables.

Deux ou trois ans plus tard, un favori du ministère, le duc de Mirepoix, lui demanda la grâce de deux de ses neveux, qui avaient été incarcérés pour des actes d'insubordination commis dans l'Inde. Quoique bon pour ses équipages, le bailli était impitoyable pour les officiers de haute naissance, dont l'orgueil lui avait arraché à plusieurs reprises la victoire. « Jamais je ne pardonnerai à de pareils misérables », dit l'amiral en accentuant son refus. Le duc prit feu, et provoqua Suffren. La rencontre eut lieu à Versailles, le 5 décembre 1788. Blessé au ventre, le bailli languit pendant quelques jours, et expira dans son hôtel, à Paris.

Poussant jusqu'à son dernier soupir le patriotisme exalté qui le distinguait à un si haut degré, ce grand homme de guerre ordonna qu'on cachât la cause de sa mort. Ses ordres furent si religieusement exécutés, qu'on ne connut la vérité que quarante ans plus tard !

Il n'a pas été possible, depuis lors, de recommencer la lutte dans laquelle le bailli de Suffren avait montré toutes les qualités qui auraient pu le rendre un rival heureux de Nelson. Mais si l'empire de l'Inde nous a été arraché, par nos malheurs et par nos fautes persistantes, celui de l'Indo-Chine peut en partie nous dédommager de ce que nous avons perdu.

La revanche a commencé d'une façon tardive, mais sûre, le jour où l'amiral Jauréguiberry a forcé l'entrée du port de Saïgon, et où les bases de notre établissement en Cochinchine ont été jetées d'une façon définitive. On peut dire que les plus merveilleux faits d'armes du bailli de Suffren ont été égalés à la fin du mois d'août 1884, lorsque, dans la rivière de Min, l'amiral Courbet a détruit la flotte chinoise, l'arsenal de Fou-tcheou, et réduit à l'impuissance une armée nombreuse, couvrant les rives du fleuve. A bord du *Volta*, digne successeur du *Héros*, un grand homme de mer a montré que toutes les forces du Céleste Empire n'étaient point de nature à arrêter l'élan de notre marine, et rendu inévitable la signature du traité de paix imposé, quelques mois plus tard, à la Chine insurgée contre la civilisation moderne.

Pourquoi faut-il que le nouveau bailli de Suffren ait savouré son triomphe moins longtemps encore que son illustre prédécesseur!

Au moins, cette fois, ce n'est point l'épée d'un courtisan qui nous a pris la vie d'un héros dont l'épée pouvait être nécessaire

L'amiral Courbet.

à la France. Ses amis n'ont point été réduits à pleurer en secret une mort dont la cause était restée un mystère!

On peut dire que l'éclat donné aux funérailles de l'amiral Courbet a été une victoire, et que, depuis ce jour, la France a obtenu le plus difficile de tous les triomphes, celui qu'elle a remporté sur elle-même: elle a commencé à comprendre la valeur des conquêtes, dont la vaillance de ses soldats, de ses marins et de ses colons lui assurait désormais la paisible jouissance.

Le vainqueur de la *Grande Armada* ne jouit pas longtemps de sa gloire. Quelques années plus tard il succomba, comme l'amiral Courbet, à une maladie contractée à bord du vaisseau qui portait son pavillon.

Au lieu de ramener à Londres les restes de cet homme illustre, ses compagnons d'armes résolurent de continuer sa croisière, et de lui donner la sépulture d'un marin. Le lendemain de sa mort (24 janvier 1596), ils précipitèrent son cercueil dans un bras de la mer des Antilles, séparant deux des îles innombrables qui en émergent. En apprenant les détails de cette triste cérémonie, un poète anglais, dont l'histoire n'a pas conservé le nom, improvisa une ode se terminant par ces deux beaux vers, dont le dernier s'appliquerait admirablement à Courbet :

> « Son cercueil disparut dans le fond d'un détroit,
> Mais dans tout l'Océan sa gloire est à l'étroit. »

CHAPITRE XI

En 1848 François Arago, ministre de la marine de la seconde République française, signe le décret d'abolition des châtiments corporels dans la marine.

Dans un temps où l'on n'avait point contracté la salutaire habitude de la célébration des centenaires, personne ne s'aperçut que cette grande mesure coïncidait précisément avec l'abolition, par Louis XV, du corps royal des galères.

A toutes les époques, dans les flottes à rames de Rome et dans celles de Carthage, les matelots les plus alertes et les plus intelligents avaient toujours été employés à la manœuvre des cordes et du gouvernail. Toujours le métier de rameur avait été dur, et réservé aux hommes de la dernière catégorie, ceux qui ne se distinguaient que par leur vigueur musculaire.

Cependant le patriotisme donnait des forces aux rameurs, qui savaient pouvoir servir la patrie aussi bien en appuyant sur l'aviron qu'en maniant le mousquet. Lorsque les mariniers étaient libres, un habile capitaine pouvait flatter leur amour-propre, surexciter leur enthousiasme et leur faire exécuter des merveilles. Quelquefois il semblait que les galères de la république eussent véritablement des ailes, tant la *vogue* était rapide et infatigable.

Mais il n'en fut pas de même dès que les chiourmes, composées d'esclaves, furent rivées à leurs bancs par de lourdes chaînes.

Nos bagnes modernes étaient un séjour paradisiaque si on les compare à ces lieux maudits où ne régnaient que la terreur, le désespoir et la soif de la vengeance.

Pendant que la galère était en marche, les argousins se promenaient entre les bancs, distribuaient sans compter des coups de nerf de bœuf aux forçats qui laissaient voir quelque ralentissement dans la nage. Quand on craignait que la chiourme ne criât, on enfonçait dans la bouche de chaque rameur un morceau de bois, horrible bâillon, d'une forme particulière, dans lequel les dents s'imprimaient.

Un signe d'impatience, un geste de résistance, étaient immédiatement punis de mort.

Le cadavre de celui que les argousins exécutaient ainsi sommairement, devant ses compagnons d'infortune, était immédiatement jeté à la mer.

Dans le cas d'une action, c'était sur la chiourme que l'ennemi dirigeait son feu, par la même raison qui fait qu'aujourd'hui les canonniers visent surtout les machines.

Ceux qui n'étaient que légèrement touchés devaient continuer à voguer comme s'ils étaient intacts ; on n'attendait pas que ceux qui étaient grièvement blessés eussent expiré pour s'en débarrasser comme on faisait des cadavres.

Le plus souvent, les forçats n'avaient aucun abri, et leurs corps, couverts de souquenilles sordides, étaient exposés à toutes les intempéries de l'air. Leur tête, rasée et coiffée du bonnet légendaire, recevait alternativement la pluie, la grêle et les rayons du soleil. Quelquefois, lorsque visiblement excédés ils ne pouvaient appuyer sur l'aviron avec la vigueur nécessaire, l'argousin passait entre les bancs, et leur fourrait dans la bouche quelques gouttes d'un breuvage énergique; mais leur régime était de nature à faire frissonner un Spartiate accoutumé au brouet noir.

Comme il était gênant et incommode de faire la cuisine tous les jours, on ne leur donnait que tous les deux jours une horrible soupe, composée de gourganes arrosées d'un quart d'huile. Leur pitance ordinaire était du biscuit et de l'eau, souvent putride. Ils étaient, la plupart du temps, dévorés de vermine et condamnés à vivre au milieu de débris immondes.

Aussi, de temps en temps, des épidémies terribles dépeuplaient les mariniers, et obligeaient le capitaine de la galère à regagner en toute hâte le plus prochain port.

Afin de bien comprendre l'importance des progrès réalisés par la mécanique moderne, il n'est point superflu d'ajouter que la vitesse obtenue par les meilleures chiourmes, à l'aide de ce régime terrible, était tout à fait insignifiante, par rapport à celle de nos modernes chaloupes à vapeur. Dans la première heure de leur marche, les galères capitanes n'atteignaient point une allure de cinq nœuds sans le secours de leur voilure.

Quelle que fût la rage des argousins, il leur était impossible d'obtenir plus de trois nœuds pendant la seconde heure. Au bout de trois ou quatre heures de vogue continue, la chiourme, excédée, se serait fait assommer sur son banc plutôt que de ramer encore.

L'effectif des galères de France n'était plus en 1676 que de 4710 forçats, en y comprenant les prisonniers faits sur les musulmans, et les esclaves achetés pour le compte du roi. Le moindre de nos steamers développe aujourd'hui une puissance motrice incomparablement plus grande.

Toutes les fois que les galères pouvaient aller à voile, elles ne manquaient pas de le faire, et les ingénieurs de la marine cherchaient à augmenter autant que possible la quantité de toile que pouvaient porter leurs mâts. Malgré cela ils n'arrivaient encore qu'à des résultats bien insignifiants.

En 1676 une galère portant 220 hommes d'équipage libres et 180 forçats avait juste autant de surface de voilure que la cinquième partie d'un vaisseau de 74. Les bâtiments à rame cessèrent à peu près complètement d'être en usage lorsque le développement de l'art de la navigation eut changé les mâts en véritables machines motrices.

Les progrès de la marine à voile avaient produit dans les habitudes navales du XVII° siècle une révolution analogue à celle dont nous sommes témoins, nous qui assistons au remplacement de la marine à voile par la marine à vapeur.

L'apogée de la marine à rame fut le combat de Lépante, livré le 7 novembre 1571 par don Juan d'Autriche, qui eut la gloire de montrer que le Grand Seigneur n'était point invincible.

On peut dire sans aucune exagération que cette journée célèbre produisit dans l'histoire du monde un effet analogue à la bataille de Poitiers. Les musulmans furent écrasés sur mer par un nouveau Charles Martel, et l'Europe arrachée à la domination du despotisme, de la superstition et de l'esclavage. Ce triomphe fut dû plus encore peut-être aux esclaves qu'aux chevaliers eux-mêmes, et la supériorité de la croix sur le croissant éclata surtout dans la servitude.

Les chiourmes chrétiennes qui ramaient à bord des navires musulmans avaient profité du voisinage de leurs coreligionnaires pour se révolter, tandis que, résignés à leur sort, les esclaves sarrasins avaient continué à ramer avec résignation, sans chercher à s'insurger contre le *Mokader*.

La plus vaillante de toutes les galères chrétiennes fut la *Marquise*, qui avait à combattre la capitane d'Égypte. La victoire fut longtemps balancée, et semblait même devoir échapper aux Espagnols. Déjà la *Marquise* avait perdu cinq cents hommes, et ceux qui restaient ne songeaient plus qu'à fuir, lorsqu'un jeune soldat nommé Cervantes se lança à l'abordage avec une telle force, que ses com-

La *Marquise* fut la plus vaillante de toutes les galères chrétiennes combattant à Lépante.

pagnons eurent honte de l'abandonner. Une poignée de braves s'élança à sa suite. Malgré leur audace ils allaient être écrasés, si cet effort suprême n'avait été considéré par la chiourme comme un signal. Sans autres armes que leurs bancs, arrachés dans un moment de fureur, et leurs fers, dont ils se servaient avec une audace inouïe, ces forçats héroïques firent une diversion si puissante, que la capitane d'Égypte resta au pouvoir de l'équipage de la *Marquise*.

Michel Cervantes n'abandonna pas volontairement la carrière des armes, si noble apprentissage pour celle des lettres. La victoire de la *Marquise* eut, hélas! un cruel lendemain, qui fut la défaite du *Soleil*.

Cette vaillante galère tomba par malheur dans une escadrille des vaisseaux légers d'Alger, qui, se reliant par des signaux habiles, écumaient systématiquement la mer, également prêts à fuir pour se dérober à une force supérieure, ou à se précipiter sur une proie facile.

L'équipage du *Soleil* ne fut pas moins brave que celui de la *Marquise*. Dans sa défaite, Cervantes fut encore plus un héros que dans sa victoire. Mais, épuisé de fatigue, entouré d'ennemis, le poète laissa échapper son sabre.

La mort ne vint pas! Les pirates d'Alger étaient avant tout des marchands d'esclaves. On n'avait pas besoin de demander quartier à des négociants en chair chrétienne, craignant surtout de diminuer la valeur vénale de leurs marchandises. Ils pouvaient expédier les lâches, dont ils pensaient que personne ne se soucierait, mais jamais ils n'avaient poussé l'oubli de leurs intérêts jusqu'à égorger un brave.

Suivant la coutume constante des pirates, les prisonniers furent partagés entre différents maîtres. Cervantes tomba entre les mains d'un renégat grec, renommé par sa cruauté. Comme on avait trouvé sur le « Manchot de Lépante » des lettres de don Juan d'Autriche, qui l'avait pris en affection, son maître crut qu'il en tirerait une rançon princière s'il le décidait au rachat. Aussi le tint-il toujours chargé d'une double chaîne, et l'abreuva-t-il de tous les mauvais traitements qui pouvaient rendre sa captivité plus épouvantable. Elle fut supportée avec un courage et une constance qui auraient suffi pour rendre Cervantes illustre, même lorsqu'il n'aurait possédé aucun autre titre à l'admiration de la postérité. Aucune aventure plus romanesque n'a jamais été racontée dans les livres de chevalerie, dont il s'est servi pour tourner la tête au héros de la Manche.

Abandonné de tous, oublié de ses compatriotes, pour lesquels il avait versé son sang, mourant de faim, désarmé, affaibli par la fièvre, Cervantes fit le même rêve que Spartacus. Il voulut enflammer l'esprit de ses compagnons de captivité, et les engager à briser leurs fers, pour s'en faire des armes contre leurs bourreaux.

L'opinion qu'il était un personnage d'importance, fortifiée par son courage, la noblesse de son attitude, et même ses tentatives de rébellion, furent la constante sauvegarde de l'infortuné passager du *Soleil*.

L'intrépide Cervantes devint un héros aux yeux de la partie la plus sensible de la population musulmane. La favorite du dey s'intéressa si vivement à son sort, qu'elle obtint que le prince achetât pour son compte l'esclave dont l'audace l'avait séduite. Hassan Pacha, qui régnait alors, était un renégat vénitien célèbre par sa cruauté envers ses anciens coreligionnaires qui refusaient d'imiter son apostasie, et en même temps par son avarice. Cependant il donna 1500 couronnes pour le droit de torturer à son aise le captif du *Soleil*. De ce droit acheté si cher il ne se prévalut jamais, et, protégé par une influence mystérieuse, dont il ignorait la cause véritable, quoiqu'il en subit l'influence, Cervantes eut à son sort des adoucissements inespérés.

Cervantes fut profondément touché de la sympathie qu'il avait

Cervantes cherchait à enflammer l'esprit de ses compagnons de captivité.

excitée dans le cœur de la favorite du dey. Dans l'épisode du *Captif*, où il raconte, en les transformant, ses dramatiques aventures, l'auteur de *Don Quichotte* trace un tableau charmant des femmes d'Alger et de l'amour que les chrétiens peuvent leur inspirer. Tout porte à croire que le captif du *Soleil* eut quelques entrevues secrètes avec la belle Mauresque qui le protégeait, et que les ruses qu'il décrit dans son roman ne sont pas complètement imaginaires.

Ce qu'il y a de certain, c'est que Hassan-Pacha n'eut de repos que lorsqu'il fut débarrassé de son esclave.

Comme il devait faire un voyage à Constantinople, il annonça publiquement qu'il le ferait ramer dans la chiourme à bord de sa galère capitane. Cette menace produisit l'effet que le prince en attendait. Les pères de la Rédemption complétèrent la rançon que les amis de Cervantes avaient réunie, et l'infortuné put sortir de cette ville maudite, après y avoir fait un séjour de plus de cinq années. Autant que le *Soleil*, le *Saint-Géran* mérite d'être célèbre dans l'histoire littéraire. On a eu bien raison de consigner officiellement les détails authentiques du naufrage qui a fourni à Bernardin de Saint-Pierre le sujet d'un des plus délicieux romans qui aient charmé à la fois la jeunesse et l'âge mûr. Toutefois on aurait grand tort de ne pas faire quelques remarques.

Quoique Jean Jeauvron, pilotin de Saint-Malo, et Pierre Verger, adjudant aumônier de Lorient, tous deux échappés à la catastrophe, en aient rapporté minutieusement les détails dans une déposition faite au greffe de Saint-Louis, personne n'ajoutera aucune foi au récit rédigé par Antoine-Nicolas Herbault, conseiller du roi au conseil supérieur de l'île de France. Le greffier des siècles futurs sera Bernardin de Saint-Pierre. C'est par la mort de Virginie et le désespoir de Paul que le nom de ce malheureux navire excitera nos larmes. Elles ne couleront pas moins abondantes parce que le poète a transfiguré la vérité. Ceux que nous plaindrons ne seront ni Mlle Mallet, que M. de Piramont ne put arracher à la mort qui le frappa lui-même, ni Mlle Caillon, qui ne voulut même pas essayer de suivre les conseils de M. Longchamps de Montendre, et qui attendit sur la dunette que la mer vînt l'y prendre. Paul et Virginie ont en quelque sorte monopolisé nos pleurs. Si le genre humain a trop rarement le droit de modifier l'avenir, il s'en venge noblement en modifiant le passé à sa guise. Il y fait vivre des êtres imaginaires dont les souffrances et les jouissances nous intéressent autant que si nous jouissions ou si nous souffrions nous-mêmes, et pour lesquels nous nous passionnons assez pour détester les critiques venant nous démontrer qu'ils n'ont jamais existé que dans l'esprit d'un habile écrivain. Un des grands côtés de la nature humaine, au milieu des maux de la vie, n'est-il pas cette faculté de s'attendrir sur des aventures supposées, sur lesquelles un poète a exercé la puissance divine de sa splendide imagination.

CHAPITRE XII

En 1553, Francisco Alvarez Cabral, fils du conquérant du Brésil, quittait Lisbonne à la tête d'une flotte nombreuse pour se rendre à Goa. A peine les collines de Cintra avaient-elles disparu, que le vent du sud-ouest commençait à soulever les vagues. Bien avant d'arriver par le travers des Açores, l'escadre était dispersée. Plusieurs navires avaient déjà péri. Tous ceux qui avaient échappé au naufrage avaient reçu des avaries si graves qu'ils furent obligés de rester dans l'archipel afin de les réparer. Le *San Benito* faisait exception, il n'avait pas perdu un agrès.

Pendant toute la traversée, le temps fut tellement déplorable que, sauf le *San Benito*, tous les navires que commandait Cabral périrent successivement; mais le *San Benito* parvint à Goa sans avoir faussé son gouvernail ou brisé son mât.

A cette époque il n'en fallait pas davantage pour que l'on crût à une intervention surnaturelle. Cette circonstance, que le talent du capitaine et l'habileté des matelots auraient suffi à expliquer, donna immédiatement naissance à une légende.

Le bruit se répandit que cette immunité singulière tenait à l'image du saint qui décorait l'avant du bâtiment. Le vice-roi, devant revenir en Europe à la fin de ses années de commandement, ne voulut pas s'embarquer à bord d'un autre navire. Mais à peine le *San Benito* était-il arrivé sur les côtes de Cafrerie, qu'une tempête pareille à celle dans laquelle périt l'*Amazone*, à une époque plus rapprochée de nous, éclata dans ces parages dangereux, avec une rapidité foudroyante. Malgré son talisman, qui ne fut pas plus puissant qu'une excellente machine à vapeur, le *San Benito* fut brisé sur un écueil, et tout le monde périt, jusqu'au dernier matelot.

Mais si le *San Benito* est célèbre dans l'histoire, ce n'est point par la catastrophe qui coûta la vie à un fonctionnaire dont le nom a été oublié. C'est qu'il a conduit dans les Indes un des plus grands poètes dont le génie ait brillé sur la terre et qui exerçait obscurément à bord un emploi subalterne à la place d'un de ses amis qui lui avait cédé son embarquement. Ce n'était pas la première fois que Louis Camoens quittait Lisbonne, il avait déjà fait partie d'une expédition contre les Maures, dans laquelle il avait perdu un œil. Mais avant de s'embarquer pour ce nouveau voyage il avait reçu une blessure beaucoup plus grave, sur laquelle ne devait jamais se former une cicatrice. Ce jeune homme aimait une femme dont le nom est resté un mystère impénétrable, et dont il ne pouvait désormais posséder la main. Ce qu'il demandait à une expédition lointaine, où il devait trouver une gloire impérissable, c'était l'oubli.

Mais si la fortune avait paru encourager son voyage, elle devait l'abandonner dès qu'il quitterait le *San Benito*, car jamais infortuné n'éprouva si durement les injustices constantes du destin, une fois qu'il eut mis le pied dans ces régions brûlantes.

A peine arrivé à Goa, Camoens prit part à une série d'expéditions des plus périlleuses dans lesquelles il exposa sa vie avec l'entrain sublime qui a souvent fait reculer la mort. La réputation qu'il s'acquit rapidement, lui valut l'honneur de s'embarquer à bord de la flotte commandée par Emmanuel Vasconcellos.

Cet intrépide marin avait reçu l'ordre de s'emparer de la personne d'un corsaire arabe qui était positivement insaisissable.

Pendant plus d'un an, l'expédition eut à subir des alternatives d'ouragan et de calme, plus redoutables encore. En effet, si la tempête a plus de périls pour le corps, le repos complet offre des dangers bien autrement graves pour l'âme, qui, lasse d'attendre, finit par se dégoûter de l'espérance elle-même.

Pour charmer les longs loisirs d'une croisière accomplie sous des cieux de feu et de flamme, Camoens avait saisi la lyre d'une main hardie. Mais il ne se borna pas à lancer dans l'air les plaintes d'une lamentable élégie : il fit grincer plus d'une fois son impitoyable vers, déchirant l'amour-propre des grands par un mot semblable à la flèche qui avait perforé sa pupille.

Le pirate arabe sur les traces duquel on volait avec tant de rage avait échappé aux Portugais. Les braves marins qui avaient pris part à l'expédition revenaient bredouilles et l'oreille basse à Goa. L'heure était donc favorable à la vengeance.

Malheureusement le tyran que le nouveau Juvénal avait outragé résolut de le reléguer à Macao. Actuellement la ville qui servit d'exil à Camoens possède 200 000 habitants. On y trouve réunies toutes les ressources de la civilisation européenne, et le voisinage de Canton, où les barbares peuvent se rendre en bateau à vapeur, met à leur disposition les plaisirs fastueux mais grossiers que l'on rencontre dans les grandes métropoles maritimes de la Chine. Ils peuvent oublier leur patrie dans ces bateaux de fleurs où les Lucullus du Céleste Empire ont réuni tout ce qui peut flatter les sens.

Mais à l'époque où Camoens vint Macao, les Portugais étaient comme campés sur le roc désert où ils s'étaient installés plus encore comme tributaires du Fils du Ciel ou presque comme captifs, que comme conquérants.

Dans ce milieu lugubre, Camoens avait un emploi misérable qui lui donnait à peine de quoi ne pas mourir de faim. Il aurait succombé mille fois à l'ennui et à la misère s'il n'avait inspiré un dévouement admirable à un esclave javanais nommé Antonio, qui le servit avec passion pendant toute sa vie.

Le poëte trouva, au sommet d'une montagne, une espèce de fente sauvage creusée par un caprice de la nature dans un granit d'une dureté exceptionnelle, et de formes bizarres.

Ce triste repaire où les rayons du soleil n'avaient jamais pénétré que par ricochet et dont l'accès était excessivement difficile, avait ce qu'il fallait pour plaire à ce grand désespéré. Du fond de cet antre à moitié enseveli par les rochers, que pendant des siècles les bêtes sauvages avaient seules fréquenté, il chantait sa misère, son exil, son amour déçu, ses cruels tourments. Il s'élançait loin de la terre, et son âme planait sur l'infini.

Avec Gama, Camoens montait à bord du *San Gabriel*; avec le conquérant des Indes il quittait cette baie presque sans nom, où le couvent de Belem devait plus tard s'élever.

Comme Gama il admirait l'habileté du pilote qui avait déjà guidé Diaz dans son voyage d'avant-garde, et qui, mieux que Palinure, le pilote d'Énée, savait faciliter le chemin des héros! Il voyait les dieux se passionner pour la grande entreprise, plus digne encore de les intéresser que le siège de Troie. Ce n'était pas seulement une ville que les Portugais voulaient conquérir en Asie, c'était l'Asie entière dont il semblait que la conquête commençât. De son nid d'aigle il entendit Mars et Vénus se réunir pour soutenir chaudement Gama devant le conseil des Immortels, et Jupiter lui dire : « Tu verras la mer trembler! Tu verras les flots tressaillir à la volonté de leurs puissants dominateurs! Le pays où l'on te refuse l'eau sera occupé par un port dans lequel les vaisseaux portugais ne manqueront de rien! et toute cette côte où l'on trame aujourd'hui leur perte sera bientôt mise à leurs pieds. »

C'est sous cette voûte de granit où il était à moitié enfoui, que Camoens comprit ce que le géant du Cap avait dit lorsque, affrontant ses tempêtes, Gama s'était présenté devant lui.

C'est à son oreille qu'ont retenti les menaces précédées de l'apparition de la trombe, gigantesque serpent, qui mieux que la tour Eiffel relie le ciel à la terre, et porte ici-bas les forces mystérieuses du firmament! Il vit briller la Foudre menaçante au milieu des vapeurs et des brumes dont le géant s'enveloppait.

Il a tremblé devant les sons de l'abîme que les flots faisaient entendre, en se brisant contre les éternels rochers.

Camoens ne marchait-il point derrière Gama lorsque le nouvel Alcinoüs reçut le nouvel Ulysse, échappé aux embûches des nouvelles sirènes, aux violences des nouveaux Lestrygons! Il a vu le prince de Mélinde tendre la main au héros. Il entendit Gama raconter en termes magnifiques la gloire des Portugais, les drames de leur histoire, tout ce qui devait charmer, attendrir, subjuguer l'âme du roi des nouveaux Phéaciens!

La grotte où Camoens s'est entretenu avec les dieux plus qu'avec les hommes est restée un sanctuaire sacré. On s'en approche avec un tremblement pareil à celui qu'un citoyen de Rome ou d'Athènes ressentait jadis lorsqu'il arrivait près des bouches mystérieuses où la Sibylle entrait en convulsions!

Les pèlerins qui fréquentent ce temple de l'esprit, où le verbe s'est fait génie, sont surtout des compatriotes de l'Homère portugais.

Mais les Français sont presque aussi nombreux aussi enthousiastes dans leur admiration. Il ne faut point s'en étonner, car le feu qui brûlait l'âme ardente des Souza s'est allumé dans celle des Garnier, des Dupuis, des Bobillot, de tous ces héros qui prenaient la revanche de l'Année terrible en faisant fuir devant eux les légions d'idolâtres abrutis par le culte de Bouddha!

Que d'hommes parlant la langue des Faidherbe, des Courbet auraient maintenant le droit de se reposer dans l'île charmante que Vénus a tirée de la mer des tropiques afin de récompenser la vaillance des grands Portugais.

Lorsque la Fortune fut lassée de faire gravir au poète ce Parnasse trop semblable à un calvaire, ne dirait-on pas qu'elle s'est donné le problème de montrer combien l'épopée de Camoens est de nature à toucher le noble cœur des vrais Français?

Camoens partit pour Goa avec le manuscrit de ses *Lusiades*; mais, cette fois, la tempête n'épargna point le navire qui le portait.

En un instant les vagues furieuses ont démembré le bâtiment. Camoens a la présence d'esprit de se saisir d'une vergue, sur laquelle il se cramponne, serrant sur sa poitrine son précieux manuscrit; mais les Muses ont un intérêt puissant à ne pas abandonner un mortel si admirablement doué. Elles veillent avec une vive sollicitude sur son sort, elles inspirent, elles soutiennent le fidèle Antonio. L'esclave javanais s'est réfugié à côté de son maître; c'est lui qui fait remarquer qu'un changement favorable semble s'être produit dans la situation désespérée.

Une naïade compatissante, quelque sœur de la charmante Leucothea qui eut pitié du roi d'Ithaque, se charge de soustraire le poète à la fureur des flots. Déjà les eaux sont moins amères et moins agitées par le vent. La vergue est saisie soudain par un courant rapide, mais régulier. Bientôt les vagues s'ouvrent d'elles-mêmes sous l'action d'un puissant reflux, et, comme le héros d'Homère, Camoens est déposé sur un banc de sable doré, à l'embouchure d'un fleuve immense, qui maintenant fait partie de l'empire des Français.

Mais sur cette rive il ne se trouve pas de princesse hospitalière pour tendre la main aux naufragés et leur indiquer le palais de son père. Les jeunes filles de la cour d'un nouvel Alcinoüs ne s'empressent point autour des naufragés pour leur donner des vêtements magnifiques, et oindre leurs membres avec de l'huile

Statue de Camoëns à Lisbonne

parfumée. Minerve ne vient pas envelopper Camoens et son esclave d'un nuage, pour les dérober l'un et l'autre aux regards indiscrets.

C'est à force de marche, et grâce au dévouement d'Antonio, que Camoens parvient à regagner Goa. Il y retrouve la misère, la seule compagne à laquelle il soit demeuré fidèle, dans son existence vagabonde et tourmentée. Mais Camoens est trop habitué aux rigueurs de la fortune pour s'étonner ou pour s'indigner. Les *Lusiades* sont sauvées, le poème sur lequel il compte pour escalader l'Olympe ne sera pas englouti.

À son chef-d'œuvre il ajoute un nouveau chant. Recueillant ses souvenirs de la caverne, il suppose que Thétis conduit le grand Gama sur le sommet d'une haute montagne, d'où il apercevait tous les royaumes de l'Orient, cette splendide portion de la terre où les Portugais, c'est leur gloire éternelle, ont introduit le feu sacré de la civilisation moderne.

Thétis montre toutes ces splendeurs au chef des héros qui n'ont pas trouvé que l'Inde et la Chine fussent trop lointaines pour s'y lancer avec des barques dont des pêcheurs ne voudraient pas aujourd'hui.

« Regarde, dit Thétis à son hôte, avec quelle majesté coule au pied des collines du Cambodge le prodigieux Mékong. C'est bien ce fleuve géant qui mérite d'être proclamé le souverain des eaux. Une seule des rivières qui l'alimentent suffit pour lui donner le pouvoir d'inonder un vaste empire; c'est un autre Nil, dont rien n'arrête l'essor, et qui ne connaît ni digue, ni joug, ni pont.

« Le peuple qui habite sur ses bords croit qu'il est un ministre de la justice divine, et que le Dieu suprême l'a chargé du soin de punir les crimes des animaux aussi bien que ceux des hommes. C'est à lui que s'adressent leurs prières et leurs supplications.

« Un jour, il recevra sur ses bords secourables deux naufragés trempés dans les eaux de l'océan. Un miracle les préservera d'un

triste et misérable naufrage ! Ils échapperont aux écueils et aux
tempêtes. Mais, hélas ! il n'en sera pas de même de celui dont la
lyre aura plus de gloire que de bonheur, et que le destin, jusqu'à
la fin de sa carrière, poursuivra de ses injustes arrêts. »

Quel triste chant de délivrance ! Quelles sombres et lugubres
pensées ont troublé l'âme du barde laissant échapper de si lugubres accents !

Hélas ! ces tristes pressentiments ne devaient être que trop
cruellement justifiés. Le gouverneur qui avait tenté de faire régner
un peu de justice et d'équité dans l'enfer de Goa est soudainement
rappelé. Camoens n'a échappé aux flots que pour devenir la proie
de ses ennemis.

Sa misère redouble ; elle devient pire que jadis à Goa. Camoens eût été excusable de chercher un refuge dans ces flots
auxquels il venait d'être arraché.

L'histoire a conservé un détail montrant l'horreur de la crise
que dut supporter le passager du *San Benito*. On a l'original
d'une lettre qu'il écrivait au gouverneur pour demander l'aumône d'une chemise, parce que l'unique qu'il possède, et qu'il
porte sur le corps, va tomber en lambeaux.

Sa détresse ne désarme pas ses calomniateurs, qui le jettent dans
un cachot, en l'accusant de malversation. Il est confondu avec les
voleurs et les assassins, dont il n'est distingué que parce que ceux
qui lui ont pris la liberté oublient souvent de lui donner du
pain.

Au milieu de toutes ces tortures, une espérance le soutient : il
a complété l'épopée passionnée dans laquelle il éternise la gloire
de sa patrie.

Après mille traverses, dont l'histoire ne pourra être chantée
que par un autre Homère, il arrive à Mozambique. Il va monter
sur un navire qui fait voile pour Lisbonne, la seule ville du
monde où il puisse trouver un éditeur. Partout ailleurs, Guten-

berg lui refusera le concours de son art, car la langue qu'il a
créée et fixée, employée seulement par une peuplade de la péninsule Hispanique, est un dialecte excessivement peu répandu. Mais
au moment où il n'aura plus à vaincre que les caprices d'Éole
et de Neptune, auxquels son poème a si merveilleusement échappé,
un alguazil l'arrête. Le gouverneur se prétend son créancier pour
une somme qui ne dépasse pas une centaine de francs. A quoi
sert qu'un miracle l'ait sauvé des flots du Mékong, son Iliade va
pourrir avec lui sur la paille d'une prison. Il y serait mort de
douleur et de rage si le généreux Hector de Sylveira n'avait payé
sa dette et son passage sur la *Santa Fe*.

La traversée fut aussi heureuse que l'avait été celle du *San
Benito*. On pouvait dire de Camoens ce que lui-même a dit des
héros qu'il a si bien chantés : « Ils fendent la mer paisible sans
éprouver son inconstance! Enfin ils arrivent sur les bords chéris
du Tage, qu'ils appelaient depuis si longtemps de leurs soupirs. »

Déjà les « collines de Ceuta sortaient du fond des eaux », lorsque son ami, son sauveur, Sylveira, rendit le dernier soupir. Cette
catastrophe n'était que le prélude de nouvelles épreuves.

Une barque se détache du rivage. A bord se trouvent des officiers à mine lugubre, qui font des signaux d'arrêter. Sans mettre
le pied à bord de la *Santa Fe*, ils déclarent à l'équipage qu'il est interdit d'aborder à Lisbonne. La capitale était ravagée par la peste,
qui emporta 70 000 hommes en quelques semaines.

Des mois s'écoulèrent ainsi avant que le poète pût quitter le
navire sur lequel il avait eu tant de bonheur à s'embarquer. Il
fallut qu'il fût ballotté de rade en rade avant que la police lui
permît de fouler le sol de cette grande capitale où il devait trouver
l'accueil qu'il flétrit ainsi :

« Arrêtons-nous, Muse, ma lyre n'a plus d'accords, ma voix se
lasse de chanter pour des ingrats! Par quelle fatalité ma patrie est-
elle insensible aux louanges? Pourquoi dédaigne-t-elle les vaisseaux

célèbres que tant de héros ont rendus plus dignes d'être immortalisés que jadis l'*Argo*? »

Les Portugais furent si peu sensibles à ces invectives, que le
poète fût mort de misère après l'apparition du livre où il chantait l'odyssée du chef illustre qui avait réuni la vaillance d'Achille
à la prudence d'Ulysse, si le roi dom Sébastien ne lui eût accordé,
par pitié, un subside annuel à peine égal à la misérable somme que
lui réclamait le vice-roi de Mozambique.

C'est ce chiffre qu'atteignit l'aumône du prince auquel il avait
dit : « Quoique le moindre de vos sujets, j'ai pour vous servir un
bras exercé à l'usage des armes! Pour vous chanter je possède
un esprit que les Muses n'ont point dédaigné d'illuminer! Il ne
manque à mes talents que vos regards propices. Que sur ses
cordes vos regards daignent enfin tomber, et leurs accords seront
dignes de la lyre sur laquelle tant de poètes ont chanté Auguste,
Mécène et Énée. »

Malheureux, persécuté lui-même, Camoens a conçu le projet de
venger les grands hommes qui ont conquis l'Orient, de dénoncer
cette ingratitude qui poursuit, même après la mort, les héros
illustrés par des exploits accomplis dans l'Hindoustan! Quiconque
a servi la patrie, dans les camps ou dans les conseils, sous ces
climats terribles, est en butte à la jalousie, à la haine, à l'envie
des thersites qui n'ont jamais cessé de boire les eaux du Tage.
Les soldats qui ont agrandi la gloire de la Lusitanie par leurs exploits lointains sont exposés à succomber sous les traits de po-
liticiens dont le seul mérite est de l'avoir diminuée par le succès
de calomnies que la postérité ne pardonnera jamais.

Dans tous les siècles, sous tous les régimes, le vulgaire qui n'a
pas sous les yeux le fruit de tels travaux se laisse séduire par la
maligne énumération des sacrifices qu'ils ont coûtés.

Mais on dirait que la misère et le désespoir sont les véritables
aliments dont se nourrit l'âme des poètes. A cet homme dont la

vie ne fut qu'une sombre élégie, il ne manqua rien de ce qui fait les hommes illustres, pas même le don de prophétie.

Cette faculté sublime éclate dans un passage où il résume, avec une éloquence admirable, les arguments dont se servaient déjà les adversaires des expéditions lointaines, lorsque les vaisseaux de Gama sont partis pour l'Orient.

Un vieillard, en voyant passer la flotte, tient les discours que nous avons trop souvent entendus nous-mêmes, lorsque des héros prodiguant leur sang pour faire oublier le souvenir de l'Année terrible allaient gaiement braver les poignards, les feux et les marais du Tonkin.

« Désir trompeur excité par les flatteries du vulgaire, dans quels dangers tu précipites les enfants des hommes ! On t'honore du nom de gloire, et tu ne mérites que celui de honte et d'infamie. Tu en imposes aux peuples ignorants, qui croient que tu vas améliorer leur sort ! car c'est toi qui feras tous leurs maux ! Dans quels nouveaux désastres vas-tu plonger ce royaume dont tu prétends guérir les blessures ! Aux pertes que nous avons éprouvées dans des batailles voisines, tu ajouteras le sang coulant au delà des tropiques.

« Ah ! maudit soit le jour où un homme abandonna au souffle des vents une voile attachée au bois fragile ! Que son nom meure avec lui ! Nation insensée, puisque tu affectes tant de mépris pour la vie, n'as-tu pas près de toi tes éternels ennemis ? Pourquoi laisses-tu gronder le Maure d'Afrique qui est à ta porte pour chercher l'Indien, que tu as tant de peine à trouver ? Singulier conquérant qui se laisse insulter à sa porte, et qui va outrager les autres dans un hémisphère ignoré ! »

Comprenant que l'avenir de la couronne de Portugal était tout entier dans ses conquêtes de l'autre côté des océans, Jean III dédaigna de tenir compte de ces plaintes, inspirées par le plus méprisable des sentiments. Il comprit qu'il n'y avait ni gloire ni profit à défendre quelques stériles rochers, mais que pour n'avoir rien à craindre des Maures, il fallait ne point s'occuper d'eux.

Son fils, dom Sébastien, fut moins prudent, et moins hardi à la fois. Il crut que le soin de sa gloire exigeait qu'il domptât l'ennemi voisin, que Camoens lui avait appris à dédaigner! Il voulut tenter une nouvelle croisade sur cette terre d'Afrique tant de fois inutilement abreuvée par le sang portugais. Dédaignant d'étendre et de consolider l'empire qui prenait une si féerique extension, il épuisa toutes les forces du royaume pour une conquête dont l'histoire était déjà écrite dans les annales du passé!

L'espoir d'une revanche, que le plus simple bon sens aurait conduit à laisser pour des temps plus opportuns, amena la défaite la plus sanglante que le monde chrétien ait jamais éprouvée.

Le 24 juin 1578, une flotte innombrable mettait à la voile pour passer en Afrique. Comme Rodrigue, l'infortuné roi des Goths, dom Sébastien s'en allait au sacrifice, paré de toutes les pompes guerrières, et le 4 août suivant, après avoir embrassé son étendard, il tombait sous le cimeterre des Africains sur le *Champ du Bouclier*.

Camoens vivait encore, mais, ayant perdu son esclave fidèle, son fidèle Javanais, mort de misère avant lui, il s'était réfugié à l'hôpital. Lorsqu'on lui apprit le désastre, il leva les yeux au ciel et il écrivit :

« Qui eût jamais ouï dire que sur un aussi petit théâtre que ce pauvre grabat, le sort ait pu donner le spectacle d'aussi grandes infortunes! Je fus si affectionné à ma patrie, qu'il ne me suffit pas de mourir dans son sein, et que je serais désespéré de lui survivre.

« Voir, la première fois, depuis longtemps, que je rends grâce à l'Éternel: s'il ne m'a pas donné la joie de mourir pour le Portugal, il m'a du moins permis de périr en même temps que lui.... »

Ces sinistres paroles n'étaient que trop véridiques : la défaite d'Alcazar sonnait le glas funèbre de la nation. Elle était la préface de la conquête espagnole, catastrophe dont jamais le Portugal ne se releva; car il eut beau reconquérir son indépendance après soixante ans d'oppression, il ne fut plus que l'ombre de ce qu'il avait été. Ce n'était plus le Portugal de l'infant dom Henri et d'Emmanuel, qui renaissait.

Lorsqu'il recouvra son indépendance, d'autres puissances avaient profité de son éclipse passagère pour fonder dans les Indes des établissements avec lesquels il lui fut impossible de rivaliser désormais.

Plusieurs navires célèbres dans les annales des révolutions modernes déterminent, comme il convient à l'histoire d'un peuple de marins, les principales péripéties de son existence nationale.

Le 27 octobre 1807, le *Prince Régent*, escorté d'une flotte emportant 15000 individus et la moitié du numéraire en circulation dans le royaume, faisait voile vers un monde où la dynastie fugitive devait régner en paix. Pendant deux longs mois de cruelles alternatives, les vents contraires retenaient les fugitifs à la barre du Tage; ils lâchaient prise au moment où l'avant-garde de Junot arrivait à deux lieues de la capitale. Le 21 janvier 1808 le *Prince Régent* et les autres navires abordaient à Bahia, alors capitale de la grande colonie portugaise; mais ce n'était qu'après avoir essuyé deux violentes tempêtes.

Le 5 juillet 1821, le *Jean VI* ramenait sur les bords du Tage le souverain de ce nom, qui s'était trop habitué à régner au delà des mers, et dédaignait de prendre possession du trône héréditaire sur lequel il avait été rétabli par les traités de 1815. Le monarque avait cette fois encore traversé l'océan dans des conditions tout à fait extraordinaires. Le 15 septembre précédent, une révolution avait éclaté à Lisbonne, pour l'obliger à revenir en Europe, et, en février suivant, un mouvement insurrectionnel avait triomphé au Brésil pour le contraindre à retourner dans le vieux pays. Métropolitains et colons s'entendaient également, les uns pour conquérir, et les autres pour repousser leur prince.

Le débarquement de Jean VI, accompagné d'une escorte de 4000 personnes, eut lieu avec une pompe extraordinaire. Le roi se rendit le 4 juillet à la salle des Cortès, et, la main sur l'Évangile, prêta serment à la constitution, ainsi qu'aux articles additionnels. Mais le 9 mai 1824, après des tragédies que nous ne pouvons rapporter en détail, Jean VI abordait en fugitif le *Windsor-Castle*, vaisseau anglais mouillé dans le Tage. Là encore une fois, à l'ombre du yacht britannique, ce prince *ressaisissait* la couronne, qu'il avait tant de mal à conserver sur sa tête.

Le fils de Jean VI avait été proclamé empereur du Brésil à la faveur de ces agitations furibondes. Le 7 avril 1830, ce prince était obligé de s'enfuir de Rio, et trouvait comme son père un refuge à bord d'un navire anglais mouillé en rade, le *Warspite*. Mais, moins heureux que Jean, dom Pedro était obligé de revenir en Europe pour reconquérir un trône, non pas pour lui, mais pour sa fille. C'est du brick de Sa Majesté Britannique la *Volage* qu'il écrivit un acte d'abdication, célèbre par son laconisme : « Voici l'unique réponse digne de moi, j'abdique la couronne et je quitte l'empire! Soyez heureux dans votre patrie. »

Enfin, à la fin de l'année 1889, le steamer le *Delagoa*, qui jetait l'ancre dans la baie du Tage, amenait à Lisbonne l'empereur dom Pedro II, dont la chute inattendue ne détruisait nullement le renom de sagesse.

CHAPITRE XIII

LA SANTA MARIA

Colomb était petit, mais son plan immense. Il rêvait de découvrir une nouvelle route pour aller aux Indes ; il cherchait une ligne plus directe que l'interminable périple de l'Afrique. N'osant percer l'isthme de Suez, il voulait percer les océans. Sa première pensée fut celle d'un bon citoyen : il s'adressa à la république dont il était le sujet, mais Gênes ne pouvait pas donner à un pauvre Corse les ressources nécessaires pour accomplir un projet que le sénat aurait sans doute trouvé trop orgueilleux de la part d'un patricien.

Bien vite consolé, il se tourna du côté du Portugal, qui marchait à l'avant-garde du progrès maritime. Le monde était alors rempli du bruit des conquêtes de l'infant dom Henry et de la merveilleuse expédition de Barthélemi Diaz.

Depuis la trouvaille fortuite des rochers de Formigues, situés à plus de cent lieues des Açores, l'imagination populaire était surexcitée par la perspective de la découverte d'autres terres plus importantes, situées à l'ouest de celles qui venaient de se révéler au delà des limites indiquées par Ptolémée.

On racontait à Lisbonne que, du temps de l'infant Henry, un navire portugais avait été poussé par la tempête dans une île éloignée de l'océan, à laquelle on devait aborder avant d'arriver aux

Indes, et pour cette raison on l'avait appelée Antilles (îles d'avant-garde). Cette opinion était si bien enracinée dans l'esprit de Colomb, qu'il en avait fait mention dans ses mémoires. Lorsqu'il eut traversé l'Atlantique, il crut qu'il avait retrouvé cette île perdue, ce qui fait que ce nom, devenu inoubliable, est resté à l'archipel de la mer du Mexique.

A plusieurs reprises, le gouvernement portugais avait déjà cru que la grande découverte si impatiemment attendue venait de se réaliser.

En 1462 Alphonse V avait concédé à un certain Jean Dogado la propriété de deux îles imaginaires qu'il prétendait avoir trouvées à l'ouest des Açores.

En 1475 un nommé Fernand Tellez avait reçu le gouvernement de l'île fantastique des Sept Cités, qui n'existait que dans son imagination. Il était encore question de l'île Brazil, dont on pourrait croire que le nom a depuis désigné une vaste république, si l'on ne savait qu'on a employé ce terme pour désigner la région découverte par Cabral, à cause de la couleur du bois qu'il en a rapporté, et qui rappelle celle d'un charbon enflammé dans un brasier.

Colomb arriva au moment où Jean II venait de succéder à Emmanuel. Aux gloires de l'ancien règne, le jeune monarque voulait ajouter un nouveau lustre. Favorable à l'étranger, il crut bien faire en transmettant les mémoires de Colomb à deux géographes célèbres de sa cour.

Ceux-ci savaient par cœur leur Ptolémée et leur Strabon, mais ils ignoraient ce que, trois siècles plus tard, Arago exposait avec tant d'éloquence, c'est-à-dire que, dans toutes les grandes découvertes, l'inconnu a la part du lion. Connaissant la longueur du degré géographique et, de plus, avec assez d'exactitude, la longitude de la côte orientale des Indes, ils pouvaient facilement calculer la distance que le Génois aurait à parcourir pour atteindre les dix mille îles que Marco Polo plaçait à l'ouest de la Chine. Il ne leur venait point à l'idée qu'en route on pourrait trouver des terres pour s'arrêter. Leur science, ne leur donnant pas le moyen de prévoir cette circonstance, les autorisait à affirmer qu'avant d'atteindre le but de son voyage, Colomb périrait de faim et de misère.

Le résultat de cette consultation ne pouvait satisfaire le roi Jean, qui avait été séduit par l'ignorance persuasive de Colomb. Ne se considérant pas comme suffisamment éclairé par ce que lui avaient dit les deux géographes, il s'adressa à deux évêques qui faisaient partie de son conseil privé. Les avis de ces deux hommes d'État furent diamétralement opposés, et le roi se trouva encore plus embarrassé qu'avant la consultation.

Diego Ortez, évêque de Ceuta, s'opposa avec violence à l'adoption des plans de l'étranger. « Contentons-nous, s'écria-t-il, de porter la guerre en Afrique! Les Africains sont belliqueux, leurs richesses sont immenses, et leur haine contre notre sainte religion est sans bornes. Ces trois raisons nous ont engagé à faire contre eux une guerre éternelle. N'allons pas amoindrir nos forces en nous livrant à des expéditions dont le but n'est pas de combattre l'ennemi héréditaire. Concentrons-les pour obtenir un but qui nous intéresse davantage. Appliquons-nous sans relâche à abattre la puissance qui nous menace directement. »

L'avis de Pierre de Noronha était inspiré par des considérations toutes différentes :

« La politique des nations n'a rien d'absolu. Elle doit uniquement se régler sur les circonstances. Lorsque les Maures tenaient sous leur joug la majeure partie des provinces de la péninsule, alors nous n'avions point assez de toutes nos forces pour nous opposer à leur puissance. Aujourd'hui que ces barbares ont été repoussés au delà des mers, l'intérêt de la religion et le soin de notre gloire nous convient à des entreprises à la fois plus utiles et

plus aisées à accomplir que de les suivre dans le pays où la
nature leur a donné tant de moyens de nous résister. En ce moment la paix règne entre le Portugal et la Castille. Si les Espagnols
s'avisaient de la troubler, les richesses que nous recevrons, si
nous trouvons une route plus directe pour aller aux Indes, ne
feront que nous mettre plus en état de repousser leurs entreprises. »

Dans l'incertitude où il se trouvait, Jean II finit par suivre ses
inspirations personnelles. Il allait donc donner à Colomb les ressources qu'il lui demandait, mais un des courtisans de Sa Majesté
fit remarquer qu'il n'était pas nécessaire d'employer cet étranger
pour mettre en exécution les plans qu'il avait développés. N'é-
tait-il pas beaucoup plus sage d'écouter ce que Colomb disait et
d'en faire son profit, mais de charger un Portugais de l'exécuter?
Sous prétexte d'aller ravitailler la garnison déjà établie aux îles
du Cap-Vert, le roi expédia donc une corvette qui fut chargée de
s'avancer vers l'ouest jusqu'à ce qu'elle eût rencontré les terres
dont Colomb semblait démontrer l'existence. Mais pour exécuter
les plans de ce grand homme il ne suffisait pas de les lui voler, il
aurait fallu lui dérober sa vaillance, son habileté de navigateur et
cet esprit divin qui s'empare de l'inventeur entraîné, séduit par
une grande et noble pensée, dont il est le créateur.

Le capitaine chargé de mettre en pratique les plans de Colomb
avait accepté sans enthousiasme cette mission déshonnête. Il partait
la tête farcie de tous les contes que l'on débitait sur les obstacles
que l'on rencontrerait en cherchant à franchir le fleuve Océan. Dès
qu'il eut essuyé une tempête un peu sévère, il se hâta de mettre
de nouveau le cap vers l'orient. Une fois de retour dans la capitale,
il s'empressa d'embellir le récit des dangers qu'il avait courus, et
de cacher sa lâcheté en déblatérant contre les théories absurdes
du marin italien.

Ces déclamations arrivaient dans un moment terrible. Colomb

avait épuisé toutes ses ressources, et il était persécuté par des
créanciers qui menaçaient de le faire arrêter. Il n'était que
temps de fuir pour échapper à la prison et aux calomnies des
misérables qui, après l'avoir volé, cherchaient à le déshonorer.

A une lieue de Palos, petit port d'Andalousie, se trouvait, à la
fin du xv° siècle, un couvent de Franciscains dédié à sainte Marie
de Robida. Un jour un étranger déjà âgé, couvert de haillons et accompagné d'un jeune enfant d'un peu plus de dix ans, vint frapper
à la porte, pour demander un morceau de pain et un peu d'eau.

Le prieur fut touché de l'air noble et résigné de cet infortuné
et lui demanda la cause de ses malheurs. L'étranger répondit de
son mieux à la sympathique curiosité dont il se sentait l'objet.
Heureusement le prieur était versé dans les questions maritimes,
il aimait à s'entretenir avec les marins de Palos, qui passaient
pour les plus intrépides de toute l'Espagne. Les discours qu'il
entendit enflammèrent son enthousiasme. Il releva le courage du
vagabond, lui donna des vêtements et de l'argent pour aller jusqu'à
Madrid, où se tenait la cour. De plus, cet homme de bien consentit
à garder l'enfant, dont cette vie errante avait visiblement épuisé
les forces naissantes. Il promit de lui donner dans son couvent une
éducation qu'il n'aurait pu recevoir s'il avait partagé la vie errante
de son père.

Cet appui semblait bien tomber du ciel, car Colomb devait,
selon toute probabilité, mourir de misère et de faim. En effet, la
cour d'Espagne était engagée dans une entreprise qui monopo-
lisait ses ressources matérielles et ne laissait aucune place à
d'autres préoccupations. Il ne s'agissait rien moins que de frapper
le grand coup décisif et de faire enfin tomber les remparts de la
cité des Abencérages.

Grâce au prieur de Santa Maria, Colomb put attendre le grand
jour où Abou Abd Allah abdiqua ses droits souverains entre les
mains de Ferdinand.

Aussitôt que l'étendard de Castille flotta sur le palais des Abencérages, les démarches recommencèrent.

La reine Isabelle ne fut pas longue à obtenir de son époux que Colomb fût mis à même de montrer si ses grands desseins étaient autres qu'une dangereuse chimère.

Au commencement de janvier 1492, Grenade capitulait, et, le 30 avril suivant, les autorités de Palos recevaient l'ordre de mettre deux caravelles à la disposition de Christophe Colomb, et de l'autoriser à en armer une troisième aux frais de ses amis.

Colomb recevait le titre d'amiral de Castille, et le roi lui accordait le gouvernement héréditaire de tous les pays qu'il découvrirait. La joie du prieur fut immense. Colomb donna le nom de *Santa Maria* à la plus grande des barques qui avaient été mises à sa disposition. La découverte du Nouveau Monde allait illustrer le couvent où il avait trouvé dans son malheur la plus généreuse, la plus inattendue et la plus opportune des hospitalités.

Malheureusement ce n'était pas tout d'avoir obtenu une ordonnance du roi, il fallait encore recruter des équipages, et cette opération offrait d'extraordinaires difficultés, car les matelots partageaient d'ordinaire les opinions de l'évêque de Ceuta. Afin d'engager les marins à prendre du service à bord de l'escadrille de l'amiral Colomb, le gouvernement leur avait accordé la même paye qu'aux matelots de la flotte royale de Castille, et leur avait promis de leur payer d'avance plusieurs mois de solde. Mais la reine Isabelle avait compté sans l'incroyable crédulité des pêcheurs espagnols, qui acceptaient comme parole d'Évangile les fables les plus ridicules, et qui tremblaient en songeant aux risques d'une expédition lointaine, dirigée vers les régions inconnues où le soleil disparaît. Le christianisme n'avait pas détruit les fables imaginées par les païens. L'Olympe avait été détruit, mais les monstres vomis par le Tartare étaient restés.

Personne ne se présentait pour accompagner l'aventureux
Génois. Le gouvernement résolut d'avoir recours à ce que, dans
notre langue administrative moderne, on appellerait des volon-
taires forcés. Un officier vint de Madrid avec l'ordre d'exercer la
presse pour recruter les équipages de trois bâtiments.

Pendant tout le temps, le prieur du couvent de Santa Maria con-

La Santa Maria.

tinuait son active propagande. Grâce à son éloquence persuasive,
il fit partager son enthousiasme par les frères Pison, riches
armateurs qui, à leurs expéditions maritimes, joignaient le commerce des agrès et des approvisionnements. Ces personnages
enrôlés, les engagements affluèrent; Colomb n'eut plus qu'à choisir
dans la foule des aventuriers qui se présentaient.

L'expédition commença comme une entreprise religieuse, une

nouvelle croisade, dans laquelle on cherchait des infidèles à convertir aux vérités de la religion. La veille du jour où il devait s'embarquer, Colomb communia solennellement. Quelques auteurs ont même été jusqu'à profiter de sa piété pour prétendre que l'amiral s'était engagé dans l'ordre des Franciscains.

L'escadre resta à l'ancre toute la nuit du 2 au 3 août 1492. Le 3, au matin, une demi-heure avant le lever du soleil, les trois caravelles, poussées par un vent favorable, faisaient voile dans la direction des Canaries.

Au moment où il arrivait à réaliser ce rêve si longtemps caressé, Colomb avait cinquante-six ans. C'était précisément l'âge de César lorsque après avoir conquis le monde il tombait sous le poignard de Brutus. L'amiral était certainement persuadé de la grandeur de sa mission; il avait cette qualité maîtresse qui se nomme la foi. Sûr de la réussite, plein d'enthousiasme pour les résultats qu'il allait assurer à l'humanité, à la religion, il commença immédiatement la rédaction de ses commentaires, admirables mémoires que la postérité placera certainement au-dessus des écrits du conquérant des Gaules.

Trois jours après on arriva aux Canaries, mais il fallut perdre plus d'un mois à réparer le gouvernail d'un des navires commandés par les Pison. Ce contretemps était-il occasionné par un accident de mer? Provenait-il, comme on l'a prétendu, d'une conspiration contre Colomb?

Les historiens diffèrent d'avis sur ce point, qui n'a pas été complètement élucidé. Ce qu'il y a de certain, c'est que si tout autre que Colomb eût commandé la *Santa Maria*, l'expédition eût couru grand risque de revenir honteusement en arrière.

En effet, pendant que l'escadre était en vue des Canaries, le volcan de l'île de Ténériffe se mit à vomir des flammes; il n'en fallait point davantage pour raviver toutes les craintes, et faire disparaître l'enthousiasme factice avec lequel on s'était embarqué.

Les équipages commençaient à murmurer ; chacun disait tout haut que ce phénomène devait être considéré comme une preuve de la colère divine en présence d'une expédition impie, dont le but trop audacieux était de sonder des mystères que l'Éternel avait pris lui-même soin de cacher aux regards des humains.

Loin de nous la pensée d'excuser la pusillanimité des marins qui faillirent entraver une expédition qu'on aurait peut-être mis plus d'un siècle à recommencer. Mais les passagers qui traversent l'océan à bord des magnifiques paquebots de la Compagnie transatlantique ne doivent pas se hâter de jeter la pierre à ces matelots qui, s'ils n'avaient pas toute la vaillance nécessaire pour triompher des difficultés d'un si grand voyage, avaient au moins la vertu suffisante pour se laisser tenter par l'espérance d'en venir à bout.

Colomb n'était pas homme à être pris au dépourvu par cette explosion de crédulité et de superstition. Il obligea les trembleurs à comprendre que si les éruptions du volcan de Ténériffe devaient être considérées comme un obstacle aux expéditions maritimes, il faudrait en dire autant des colères beaucoup plus fréquentes du Vésuve ou de l'Etna. Il acheva de fermer la bouche aux sceptiques en expliquant que ce terrifiant spectacle était produit par des actions chimiques soudainement déchaînées dans le dessous du monde habité, indépendamment de toute intervention de la Divinité. « Si quelques personnes peuvent craindre, dit-il, les conséquences de ces convulsions, ce ne sont que celles qui restent aux Canaries ; quant à nous qui allons nous éloigner de ce cratère, nous cesserons bientôt d'avoir à redouter ses explosions. »

Mais Colomb avait à craindre un danger beaucoup plus réel. Dès qu'il avait eu vent des armements qui se faisaient à Palos, le roi de Portugal avait vainement essayé de lui persuader de revenir à sa cour. Voyant que la *Santa Maria* allait appareiller avec ses deux conserves, il avait envoyé aux Açores trois navires chargés de croiser sur la route que devait suivre l'expédition, et que le cabinet de Lisbonne connaissait parfaitement, par les rapports que ses espions lui avaient envoyés.

Le commandant de cette escadre avait ordre de s'emparer de celle de Colomb, ce qui n'aurait point été très-difficile, car il n'y avait à bord des trois caravelles espagnoles que cent vingt hommes, y compris les états-majors, les domestiques et les commis d'administration. Mais, le ciel étant favorable, l'amiral naviguait vent arrière, toutes voiles dehors, et bientôt il eut dépassé les parages où croisaient les Portugais.

Colomb connaissait trop bien les hommes pour ne pas comprendre que les pires ennemis de l'expédition étaient les traîtres qu'il avait avec lui à bord de la *Santa Maria*, qui épiaient ses moindres gestes, et qui cherchaient jusqu'à scruter ses pensées.

Le mérite exceptionnel de Colomb commença donc à briller de tout son éclat au moment où il semblait que sa tâche allait devenir facile. Ces éléments inconnus contre lesquels il allait se mesurer n'étaient pas ses adversaires les plus redoutables. Les plus terribles étaient les matelots dont le devoir était de le seconder, les officiers sur lesquels il aurait dû compter comme sur lui-même.

Dès que l'on eut laissé les parages traversés par quelques explorateurs, l'amiral se trouva seul contre tous. Pas un mousse qui ne se défiât de lui, et qui ne lui obéît que parce qu'il n'osait faire autrement. Heureusement le grand homme avait à sa disposition un instrument admirable, une arme merveilleuse dont personne à bord ne savait se servir : la boussole; cette petite aiguille tremblotante était son incorruptible alliée.

Colomb vit bien tout de suite que la plus puissante ressource des mécontents était d'exploiter la distance des côtes d'Espagne, distance qui grandissait chaque jour, et qui allait bientôt prendre des dimensions effrayantes pour des marins habitués à la navigation côtière, au petit cabotage sur ce grand lac que l'on nomme la Méditerranée.

Colomb profita de ce qu'il était seul à pouvoir faire les calculs nécessaires pour mesurer son chemin. En dehors du registre qu'il conservait secrètement et qui était destiné au compte rendu officiel de son voyage, il en avait ouvert un autre, qu'il montrait avec ostentation à ses officiers et à ses matelots. Sur celui-ci les chiffres avaient été systématiquement falsifiés et atténués de manière à diminuer l'effroi de ses compagnons. C'était une ruse pieuse s'il en fut, mais qu'il pratiqua fidèlement jusqu'à la fin de l'expédition.

Deux jours après le départ des Canaries, les vigies de la *Santa Maria* aperçurent un fragment de mât qui flottait à la surface de l'eau.

A ses dimensions il était facile de voir qu'il devait avoir appartenu à un gros navire. Aussitôt les alarmes recommencèrent plus vives que jamais. Cette épave n'était-elle pas un dernier avertissement du sort qui attendait les voyageurs dans des régions où les tempêtes se déchaînent, avec une intensité inusitée dans les mers connues? Ne prouvait-elle pas qu'on allait rencontrer des ouragans auxquels des navires sortis de la main des hommes ne pourraient résister?

Colomb eut quelque mal à triompher de cette alerte. A peine était-elle calmée, qu'un incident nouveau survint. Il fut l'origine d'une des plus grandes découvertes de la physique, mais ce progrès faillit être fatal à l'expédition.

Non seulement l'amiral savait faire le point par l'estime, mais il était assez bon astronome pour reconnaître aux mouvements des astres la situation de son vaisseau. S'apercevant qu'elle n'était pas celle qu'indiquaient les calculs, il reprocha à son timonier de ne pas suivre l'angle de route qu'il lui indiquait.

Ces débats eurent naturellement pour résultat d'augmenter la dose d'attention avec laquelle les pilotes regardaient la direction de la boussole, sur laquelle Colomb leur disait de gouverner depuis qu'on naviguait en plein océan.

Quelle ne fut pas leur terreur quand ils s'aperçurent que ce n'était plus la polaire qu'une pointe de l'aiguille allait chercher!

Colomb comprit tout de suite l'importance qu'il y avait à rassurer les équipages, qui se seraient crus perdus sans ressources si leur confiance dans un instrument pareil avait été soudainement ébranlée. Il eut la présence d'esprit d'improviser une explication, qui parut plausible à ces gens ignorants. Il prétendit que ce n'était pas la boussole qui changeait de direction, mais que c'était l'étoile polaire qui se déplaçait. Étonnante faculté de jongler avec les résultats scientifiques pour calmer les appréhensions auxquelles n'auraient pu se soustraire ces esprits à moitié éclairés, si la vérité leur eût été confessée!

Si l'amiral est réellement admirable, ce n'est pas tant dans la conception grandiose qu'il a éprouvée, c'est par sa persévérance. Son génie brille surtout par l'adresse avec laquelle il obtint que les marins des caravelles continuassent leur chemin loin des côtes de l'Espagne, et malgré les terreurs dont ils étaient assiégés.

A peine était-on remis d'une alerte aussi chaude, que la *Santa Maria* arrivait dans les parages singuliers auxquels on a donné de nos jours le nom de mer des Sargasses, à cause des immenses fucus dont ils sont encombrés.

La rencontre devenait d'autant plus redoutable que ces végétations prodigieuses n'étaient pas tout à fait inconnues.

L'existence de ces étranges prairies océaniques, où il semble à chaque instant que les navires vont se trouver arrêtés, avait été signalée par les anciens. C'était là que les savants plaçaient la limite de la mer navigable. Heureusement les marins ne tardèrent pas à s'apercevoir que ces herbes menaçantes s'inclinaient docilement et que la proue des bâtiments écartait les flots aussi facilement que si ces tiges n'eussent point existé.

Un autre phénomène qui en lui-même n'avait rien de menaçant augmenta leurs inquiétudes, en leur montrant la nature sous un jour auquel ils n'étaient point habitués. Un banc de poissons volants rencontra l'escadrille, et quelques-uns de ces animaux vinrent tomber sur le pont de la *Santa Maria*.

Christophe Colomb rassura ses compagnons en leur montrant que l'organisation de ces êtres bizarres n'avait rien d'extraordinaire que l'excessif développement de leurs nageoires.

Ensuite les marins virent à plusieurs reprises apparaître de gros météores. La lueur étrangement vive de ces corps célestes était très redoutée au moyen âge. Il n'est pas surprenant qu'elle achevât d'enlever aux marins ce qui leur restait de courage et de résolution.

La situation devint bientôt si critique, qu'il se forma un complot en règle pour assassiner Colomb et revenir en Espagne après s'être débarrassé d'un chef si gênant.

Si l'on prend les choses au pied de la lettre, Colomb fut bien loin de découvrir l'Amérique. En effet, comme nous l'avons fait remarquer, il croyait aborder aux Indes, et le nom que portent encore les îles de la mer des Antilles, dont nous avons donné l'étymologie, suffirait au besoin pour témoigner de la gravité de la méprise que des censeurs pointilleux auraient le droit de lui reprocher.

Mais heureux sont les inventeurs qui commettent des erreurs aussi fécondes, aussi utiles au progrès général de l'humanité! Malheureux sont les théoriciens corrects dont la froide raison donne des preuves de son infaillibilité, en s'opposant à des entreprises d'où peuvent sortir des fruits si brillants!

Ce qu'il y a de plus curieux peut-être, c'est que malgré sa science et sa sagesse Colomb était certainement perdu si ses compagnons n'avaient commis presque constamment des erreurs presque aussi considérables que cette bienfaisante méprise, dont l'humanité va célébrer le quatrième anniversaire séculaire dans deux ans.

Chaque fois qu'ils apercevaient des oiseaux en l'air, ils supposaient qu'un continent devait surgir des flots. Comme ils ignoraient les mœurs des grands voiliers qui se font un jeu de courir à la surface de l'Atlantique, ils s'imaginaient que la terre dont ces habitants des airs avaient besoin pour se reposer et pour vivre était très voisine, et allait apparaître d'un moment à l'autre.

De temps en temps aussi les vigies apercevaient à l'horizon des nuages lointains dont la forme et la situation ne changeaient pas. Surexcités par de folles espérances, ils les confondaient à chaque instant avec des rochers. D'autres fois, leurs illusions n'étaient produites que par l'ombre de quelques cumulus, qui planaient immobiles à une certaine distance de la surface des eaux. Ces mirages, sans cesse renouvelés, leur firent prendre patience jusqu'au jour, mille fois heureux, où le cri de la vigie fut confirmé et où Colomb prit possession du nouveau continent.

Le récit de l'arrivée de la *Santa Maria* aux Indes Occidentales produisit à la fin du xv° siècle le même effet que l'annonce du journal de New-York décrivant les hommes de la lune entrevus au télescope que le fils du grand Herschel avait transporté au cap de Bonne-Espérance. On pourra juger de la naïveté des estampes publiées alors par celle qui se trouve reproduite dans l'excellent ouvrage de M. Harris, *Bibliotheca Américana vetustissima*, où toutes les sources originales de l'histoire sont soigneusement réunies.

Par une flatterie dont nous ne sommes point à même d'apprécier la délicatesse, l'artiste a placé sur son trône le roi d'Espagne envoyant le hardi Génois de l'autre côté de l'Atlantique.

A ce dessin nous en avons joint un autre, le représentant lorsqu'il revint du Nouveau Monde, mélangé avec des criminels dont on débarrassait la colonie. Le gouverneur l'avait fait jeter à bord d'une des caravelles de Villejo et le renvoyait en Espagne afin d'y être jugé.

Christophe Colomb enchaîné sur son navire

La traversée fut plus rapide et plus heureuse que celle de la *Santa
Maria*. Parties de Saint-Domingue en octobre, les caravelles de Villejo jetaient l'ancre dans le port de Cadix au milieu du mois de
décembre. On eût dit que les vents du Nouveau Monde voulaient
abréger les tortures de l'homme qui avait doublé le domaine de
l'humanité.

Lui seul, Colomb tenait à ce que la sentence injuste dont il

Estampe du temps représentant l'arrivée de Colomb aux Indes Occidentales

avait été frappé fût exécutée dans toute sa rigueur. Comme s'il eût
compris qu'un rayon parti du haut du Calvaire illumine d'un
rayon divin l'auréole des grands hommes, il tint à garder ses fers
jusqu'à ce qu'un décret signé de la main qui avait autorisé à les
mettre les fit légalement tomber.

Colomb n'eut qu'à paraître pour être justifié. Le repentir du roi
laissa à peine à l'indignation populaire le temps d'esquisser ses
premières manifestations.

Mais, si l'on en croit une légende universellement répandue, Colomb tint à être enseveli avec les chaînes dont il avait été chargé.

Des auteurs scrupuleux ont étudié son histoire posthume, et fouillé dans son cercueil pour voir si les fers s'y trouvaient bien.

Si l'on a omis de les mettre, il ne serait peut-être pas trop tard, même lors du quatrième centenaire de la découverte de l'Amérique, pour les y replacer, car on ne saurait découvrir une manière plus énergique d'exprimer l'indignation que tout ami du progrès doit ressentir en songeant qu'un tel homme a subi de tels traitements!

CHAPITRE XIV

LA BLANCHE NEF

Le voyage que M. Carnot fit, au mois de septembre 1888, dans la Normandie, avait pour but principal de bien constater par une expérience solennelle qu'en dissipant les ténèbres de la nuit on peut défendre des vaisseaux de haut bord contre une flottille de torpilleurs. L'escadre qui servait de point de mire à ces dangereux rôdeurs était composée du *Marengo*, du *Suffren* et de l'*Océan*. Ces gigantesques bâtiments, alourdis par une cuirasse de fer et d'acier comparable à celle des chevaliers bardés du moyen âge, n'avaient point été abandonnés à eux-mêmes. Les lumières des cuirassés étaient complétées par celles des forts se croisant sur la rade et sur la passe. Aucun point de l'horizon ne restait dans l'ombre. Aussitôt qu'un torpilleur faisait mine d'approcher, il était criblé de coups de canon heureusement fort inoffensifs et partant soit des hunes, soit du pont des cuirassés. Si les gargousses avaient été chargées à boulet, il n'en serait point resté une épave flottante. Le plus alerte et le plus solide de ces navires aurait coulé à pic.

Cette démonstration importante était donnée dans le voisinage du fort de Gatteville, qui s'élève à la pointe nord-est de la péninsule du Cotentin. La tour, de construction toute récente, a été élevée sur un récif autrefois recouvert par les vagues lors de la haute mer, et sur lequel a naufragé un des navires célèbres qui ont joué le rôle le plus important dans l'histoire du monde.

A peine l'aîné des fils de Guillaume le Conquérant avait-il fermé les yeux, que les deux autres se disputaient la couronne d'Angleterre. La fortune favorisa les prétentions du plus jeune. Henry s'empara de la personne de son aîné, Robert, et pour ne plus rien avoir à craindre désormais, il lui fit crever les yeux.

Quoique commis en plein moyen âge, ce crime odieux excita une indignation universelle. Les comtes d'Anjou et de Flandre s'unirent au roi de France pour punir l'auteur de ce forfait, en faisant couronner duc de Normandie le fils du prince infortuné qui avait péri victime d'un si coupable attentat. Mais Henry, employant l'astuce, la fourberie et l'or, était parvenu à dissoudre la ligue que l'honnêteté avait formée. Le pape même, qui dans un premier moment de colère avait excommunié le bourreau, s'était laissé toucher par un faux repentir.

Après avoir obtenu ainsi son pardon, Henry revint triomphalement dans ses États. Il semblait que rien ne manquât à son bonheur et à sa gloire.

Il avait laissé derrière lui, à Rouen, son fils Guillaume, alors dans tout l'éclat de la jeunesse et de la beauté, afin d'avoir le temps de lui préparer à Londres une réception triomphale. Le jeune prince devait faire les honneurs de l'Angleterre à l'élite de la jeunesse normande.

On construisit exprès, pour ce voyage, un navire merveilleux, peint en blanc, ayant des voiles argentées et des ornements d'argent, que l'on nomma la *Blanche Nef*.

Jamais, depuis les amours d'Antoine et de Cléopâtre, navire plus admirablement décoré n'avait paru à la surface de la mer. La *Blanche Nef* était dix fois plus grosse que le plus puissant des navires du Conquérant. Lorsqu'elle mit à la voile, il y avait à bord toute la cour du duché de Normandie. On comptait sur le pont

Attaque de cuirassés par des torpilleurs

les trois fils puînés de Henry, accompagnant Guillaume, pour lequel ils avaient l'affection la plus vive, dix-huit princes et plus de deux cents barons, nobles seigneurs revêtus d'armures éclatantes et le casque orné de panaches resplendissants.

La *Blanche Nef* quitta la terre normande au son d'une fanfare jouée par des pages couverts de pourpoints dorés. On mit à la voile par un beau soleil faisant ruisseler ses rayons sur les miroirs de cet argent et de cet acier. Mais à peine fut-on en pleine mer, que le ciel se couvrit de nuées épaisses. Bientôt la foudre fit entendre une voix grave qui réduisit au silence les hautbois, les timbales et les tambourins. Sauf les hommes strictement nécessaires pour la manœuvre du navire, tout le monde descendit dans les chambres pour continuer la fête à l'abri des intempéries de l'air. En dépit de la tempête, le festin dura toute la nuit. Tous les matelots, par bordées, y prirent successivement part, de sorte que la manœuvre s'en ressentit rapidement. Vers une heure du matin, au moment où l'orgie était à son comble, un bruit formidable se produisit. Il était accompagné d'une secousse si violente, qu'un cri d'épouvante fit place aux rires. Le navire touchait sur un écueil. C'est celui que cache aujourd'hui la tour devant laquelle notre escadre passait le 12 septembre 1888, brillamment pavoisée.

La mer était déchaînée avec tant de fureur, que la *Blanche Nef* fut ouverte d'un seul coup. Avant d'avoir eu le temps de se reconnaître, princes, ducs, marquis, timbaliers, hérauts d'armes, gens de mer, tous roulaient pêle-mêle dans les vagues.

Un vieux matelot échappa et put donner des détails sur la catastrophe qui avait moissonné d'un seul coup toute l'élite de la noblesse normande et tous les petits-fils de Guillaume le Conquérant.

On peut juger de la douleur de Henry, qui n'était plus en âge d'avoir des enfants. Au lieu de voir le doigt de Dieu dans cette catastrophe, qui le privait de la satisfaction de fonder une souche de rois, le monarque voulut lutter contre la Providence. Il rendit une ordonnance en vertu de laquelle la succession au trône ne serait plus régie par la loi salique. Il décida qu'après lui la couronne serait portée par sa fille Mathilde. Afin de s'assurer qu'une coutume si contraire à l'esprit des barbares s'introduirait en Angleterre, il prit la précaution d'associer immédiatement la princesse à son pouvoir. En outre, il se préoccupa de lui trouver un mari qui pût faire respecter des droits encore si problématiques.

Il lui fit épouser Geoffroy, comte d'Anjou et fils de son ancien ennemi. Ce prince, qui avait le surnom de Plantagenet, devint la souche d'une des familles royales qui ont jeté le plus d'éclat, à nos dépens, sur la couronne d'Angleterre.

Au milieu des diamants qui décorent leur diadème, les reines de Grande-Bretagne devraient placer un petit morceau de la roche de Gatteville. N'est-ce point en effet cet esquif ignoré, oublié, qui permit à la couronne du Conquérant de tomber en quenouille, comme on le dit, d'une façon peu galante en langue héraldique.

Neptune parut toujours se plaire à être favorable aux reines d'Albion. En effet, ce fut surtout une série de tempêtes qui délivra la Grande-Bretagne du plus formidable armement dirigé contre elle. En 1585 Philippe II avait résolu de frapper un grand coup, pour effacer le souvenir des échecs que lui avaient fait subir les *gueux* de Hollande. Il réunit une flotte de deux cent cinquante gros navires qui devaient porter en Angleterre 22 000 soldats pris en Espagne, 25 000 vétérans des guerres de Flandre et 15 000 Normands auxiliaires. Supposant que l'Angleterre ne pourrait résister et escomptant d'avance sa victoire, Philippe II donna à sa flotte le nom d'*Invincible Armada*. O vanité des combinaisons humaines ! cette flotte périt presque entièrement sans combat. Ce furent le vent et les écueils qui se chargèrent de l'anéantir ! Le

19 mai 1888 les Anglais ont pu célébrer le troisième centenaire
de l'appareillage de cet armement, comme une étape de leur
émancipation intellectuelle. En effet, c'est dans le but d'organiser avec plus de succès la résistance, à la tête de laquelle se
mit la reine Élisabeth, avec un courage qui eût fait la gloire d'un

Naufrage de l'Invincible Armada

homme, que l'*English Mercury*, le plus ancien des journaux britanniques, vit le jour.

La catastrophe de l'*Invincible Armada* laissa des traces jusque
dans la carte de la France moderne. Un des plus gros navires, le
Calvados, se trouva, dit-on, sur les écueils qui portent son nom
et qui ont servi à désigner un des plus riches départements de
la Normandie.

En apprenant ces tristes événements maritimes, Philippe II
s'écria « qu'il avait voulu combattre les Anglais et non la tempête » : cette exclamation à prétention philosophique n'aurait eu

quelque sens que si l'orgueilleux monarque avait mis sa flotte entre les mains d'un amiral connaissant les ressources de la science nautique ; mais tandis qu'Élisabeth avait à la tête de ses petits vaisseaux des hommes expérimentés et vaillants, Philippe II avait confié la direction de cette expédition géante au duc de *Medina-Sidonia*, un marin de cour, un amiral de parade, dont la présomption égalait l'ignorance, le type parfait de ces hommes qui perdent les flottes, les villes ou les armées, avec autant de facilité que d'autres perdent les empires.

Ce n'est pas seulement à la fin du XVI° siècle qu'on peut croire que Neptune prend quelquefois plaisir à intervenir en faveur de l'innocence. Pendant qu'on célébrait en Angleterre la surprenante défaite des flottes despotiques de l'Espagne, incapables de triompher des flots, des événements analogues se déroulaient près des antipodes. Quoique produits sur une moindre échelle, ils n'en sont pas moins dignes d'exciter notre intérêt.

Depuis quelque temps les Allemands paraissent avoir jeté leur dévolu sur l'archipel des *Samoa*, un des plus ravissants de toute la Polynésie, et célèbre par la mort tragique du capitaine de Langle, l'infortuné lieutenant de l'infortuné Lapérouse. Afin d'intimider les indigènes, que la gloire de l'Année terrible n'avait point suffisamment convaincus de la nécessité de s'incliner devant les oukases de Berlin, le gouvernement de l'empereur Guillaume II avait envoyé dans la rade d'Apia une division allemande, composée de l'*Olga*, de l'*Adler* et de l'*Elbe*. De leur côté, prévenus à temps de l'intention de l'Allemagne, les États-Unis avaient expédié quelques bâtiments de guerre pour surveiller la division allemande.

Dans la rade d'Apia se trouvait aussi le *Calliope*, vaisseau de S. M. Britannique. Quoique ce navire eût des machines d'une très grande puissance, le commandant se rappelait que dans l'ouragan du 26 mars 1885 tous les navires de commerce, surpris dans ce port séduisant, avaient péri à la côte. Ce brave marin était trop expérimenté pour ne pas comprendre que des navires de guerre sont beaucoup plus exposés que des bâtiments de commerce. En effet, les masses de fer dont on les surcharge afin de leur permettre de supporter le choc de l'artillerie dans un but d'agression, ne sont point disposées de manière à résister aux vagues. Dès qu'il vit les signes précurseurs de l'ouragan, il appareilla en toute hâte, et, gagnant le large, il put fuir à son aise devant la tempête, en se dégageant du centre de la tourmente.

L'événement prouva à la fois combien cet officier avait été sage, et combien sont fous les capitaines qui croient qu'un steamer peut défier l'ouragan près du rivage. Tous les navires qui avaient essayé d'employer la force de leurs machines pour compléter l'action de leurs ancres et faire tête au vent, furent l'un après l'autre roulés et jetés à la côte.

Plus de 150 hommes des divers équipages ont péri dans ce désastre, qui aurait été beaucoup plus terrible si les sauvages, qui en avaient été témoins, n'avaient volé au secours des ennemis de leur roi, avec un courage que des civilisés n'auraient pas toujours déployé pour leurs alliés les plus sûrs.

La catastrophe se produisait dans la nuit du 17 au 18 mars 1888. Le lendemain matin, au lever du soleil, les steamers chargés d'exécuter les volontés de M. de Bismarck étaient couchés sur le sable à côté de l'*Adler*, au milieu d'un pêle-mêle de cadavres et d'épaves. Il ne restait plus ni un canon, ni un homme pour obliger les Canaques à l'obéissance. Ce triste spectacle n'a point été sans produire quelque effet sur les diplomates réunis à Berlin pour délibérer sur le sort de ces îles charmantes et d'indigènes qui ont si franchement renoncé aux habitudes sauvages de leurs farouches ancêtres. L'impression fut d'autant plus terrible que l'empereur Guillaume n'avait pas, comme Philippe II, le droit de dire qu'il n'avait point donné à son amiral la mission de combattre contre la tempête. En effet, les machines à vapeur qui étaient à la disposition de l'amiral allemand avaient été construites précisément dans le but de lutter contre les vents les plus violents.

Quand on apprit la noble conduite des Samoens, leur cause fut gagnée, et leur humanité opportune sauva leur indépendance nationale. Elle obtint un résultat que leur héroïsme n'aurait pu atteindre. Une nation qui a la prétention de faire figure dans le monde ne pourrait se résigner à répondre par de nouvelles violences à une telle générosité. Cette fois la force renonça à l'emporter sur le droit, par suite du droit souverain de la reconnaissance.

CHAPITRE XV

En 1839 le *Tory*, équipé par la Compagnie de la Nouvelle-Zélande, abordait dans le détroit de Cook. Le capitaine s'entendait pacifiquement avec le chef de la tribu de la baie Nicholson, et lui achetait des terres, sur lesquelles s'installaient quelques familles de colons anglais.

Ce marché était plus funeste à la race de ces énergiques sauvages que ne l'eût été une guerre d'extermination. Aujourd'hui on ne compte plus dans l'archipel que quelques milliers de Nouveaux-Zélandais, destinés à disparaître, comme les tribus de la Tasmanie, les Mohicans, les Guanches, et tant de peuples éteints.

Mais la population indigène a maintenant à côté d'elle 400 000 individus de race européenne. Wellington, une ville de 30 000 âmes, s'élève sur le lieu où se célébraient il y a cinquante ans des festins d'anthropophages.

Le remplacement d'une race intéressante, mais réfractaire à la civilisation, par une autre qui naît au soleil de la liberté, avec tous les appétits du progrès moderne, a été obtenu à l'aide d'un système d'émigration encouragé d'abord par la Compagnie de la Nouvelle-Zélande, et plus tard par le gouvernement colonial, qui, dans ces îles lointaines, lui a succédé. C'était toujours pour les émigrants de la Nouvelle-Zélande que les commissaires réservaient les navires les plus gros, les plus beaux et les mieux commandés. Généralement ces traversées se sont accomplies fort heureusement ; le nombre des femmes enceintes qui faisaient partie de ces expéditions était le plus souvent si considérable, et le nombre des décès si faible, que la majeure partie des navires chargés d'émigrants pour la Nouvelle-Zélande arrivaient dans l'archipel apportant plus de passagers qu'ils n'en avaient emporté des ports anglais. Le dernier recensement de la population de la Nouvelle-Zélande fournit une preuve incontestable que ces nefs, favorisées par Éole ainsi que par Junon, pouvaient être considérées quelquefois comme de véritables berceaux flottants. Sur les 114 000 habitants de la population zélandaise, qui, lors du dernier recensement, étaient nés hors de la colonie, il n'y en a pas moins de 1524 venus au monde en plein océan. Décuple serait celui des enfants que leurs mères ont allaités pendant un voyage qu'il y a un siècle les navigateurs n'exécutaient point sans terreur !

Généralement, détail touchant et caractéristique, les paysans qui choisissent la Nouvelle-Zélande ne sont qu'une avant-garde. Lorsqu'ils prospèrent, leur premier soin est d'envoyer en Angleterre l'argent nécessaire pour attirer dans le monde austral les parents qu'ils ont laissés en arrière, et ceux qui ne peuvent plus voyager reçoivent des vaillants travailleurs des rentes alimentaires, afin d'adoucir les derniers jours passés loin de ceux qui ont cessé de les voir, mais qui n'ont point cessé de les aimer.

Les émigrants qui se rendaient à la destination de la Nouvelle-Zélande se croyaient protégés par quelque talisman, et se livraient à tous les divertissements compatibles avec leur gravité saxonne. Toutes choses égales d'ailleurs, ils étaient aussi insouciants et, relativement, aussi joyeux que ces Espagnols et ces Basques qui vont chercher, en chantant et en dansant, une nouvelle patrie au Rio-de-la-Plata.

Ils étaient aussi joyeux que ces Espagnols et ces Basques qui vont chercher, en chantant et en dansant, une nouvelle patrie au Rio-de-la-Plata.

Mais au commencement de l'année 1872 une grande catastrophe maritime vint leur apprendre qu'il n'y a pas, sur l'Atlantique ou sur le Pacifique, de route privilégiée qui soit à l'abri des vicissitudes humaines, et où la fragilité de nos navires les mieux construits ne se manifeste.

Le 21 janvier, par un jour brumeux et humide, peu fait pour faire regretter l'Angleterre, le *North-Fleet*, trois-mâts barque de 781 tonneaux, profitait de la marée du matin pour descendre la Tamise; il y avait à bord 350 passagers, appartenant aux professions rurales.

A mesure que le *North-Fleet* s'éloignait de Londres, le ciel se couvrait de gros nuages noirs, parfaitement en harmonie avec les tristes pensées qui assaillaient fatalement ces travailleurs, en quittant pour toujours les régions que leurs ancêtres avaient arrosées de leur sang et de leur sueur.

Après une nuit passée derrière le cap North-Foreland, et une journée employée à s'avancer avec précaution au milieu de la brume, le *North-Fleet* arrivait à Dungeness, et jetait l'ancre au milieu d'une véritable flotte de navires de toute provenance et de toute taille, à l'ancre sur le banc, attendant le retour de la lumière. Les lames, qui avaient été grosses depuis la sortie de la Tamise, avaient cessé de fatiguer les passagers, et la nuit promettait d'être belle. Épuisés par le mouvement du vaisseau, auquel ils n'étaient point encore habitués, les émigrants avaient apprécié le charme de ce calme; ils s'étaient endormis de bonne heure, et goûtaient avec délices leurs premiers instants de repos. Sur le pont il ne restait plus que l'officier de quart et les hommes de service. Tout à coup un choc formidable ébranle le *North-Fleet* dans toute sa membrure. Aussitôt chacun se précipite hors de son hamac, et les panneaux sont trop étroits pour laisser passer la multitude épouvantée qui s'élance de l'entrepont et remplit l'air de ses cris d'alarme. Ceux qui ont encore conservé quelque sang-froid entou-

rent les hommes d'équipage, et d'une voix altérée demandent ce
qui s'est passé.

Les vigies n'ont vu qu'une masse noirâtre, qui s'est approchée
malgré leurs cris, et qui, sourde à leurs appels désespérés, a disparu dans la nuit; mais on n'a bientôt plus besoin, hélas! de donner des explications. Le *North-Fleet* porte au flanc, par la hanche
de tribord, un trou immense. La mer entre à tonnes; jamais les
pompes ne pourront épuiser la voie d'eau. « Il ne nous reste
plus qu'à faire des signaux, s'écrie le capitaine; mais ces signaux
seront forcément entendus, puisque nous avons autour de nous
une flotte de plus de cent navires. »

Immédiatement il donne l'ordre de tirer des coups de canon
et des fusées volantes; mais le contremaître se presse tellement
d'obéir que le refouloir se brise entre ses mains. Ne pouvant tirer
le canon d'alarme, cet homme crut qu'il devait exécuter la partie
de l'ordre qu'il restait en son pouvoir d'accomplir, et il lança les
fusées.

Cette obéissance peu intelligente suffit pour tout perdre. Comme
c'est ainsi que l'on demande un pilote, aucun navire ne se
dérangea, et on laissa couler le *North-Fleet* sans se préoccuper
en aucune façon de ce qui se passait à son bord.

Outre les émigrants, le *North-Fleet* avait embarqué une grande
quantité de rails, cargaison très dangereuse, car son déplacement
d'eau est insignifiant et, en cas de sinistre, elle ne contribue en
aucune façon à faire flotter le navire.

Quand on vit qu'aucune assistance ne venait, une panique
épouvantable s'empara des pauvres diables, si soudainement
réveillés en présence d'une mort certaine. Ils se jetèrent dans les
embarcations avec tant de fureur que toutes sombrèrent. Heureusement le contremaître, qui avait été si maladroit pour sauver
l'équipage et les passagers, sut se sauver lui-même, et raconter ce
qui s'était passé. Aussitôt un long cri d'horreur s'éleva de tous

Les malheureux se jetèrent dans les embarcations avec tant de fureur que toutes sombrèrent.

les ports du monde. Partout de braves marins promirent de faire bonne garde et de dénoncer les navires arrivant avec des avaries suspectes. C'est ainsi que, dès son entrée à Cadix, le *Murillo* fut soupçonné d'avoir commis un des plus grands crimes maritimes des temps modernes.

Le capitaine eut beau protester avec une indignation jouée, on l'arrêta, on interrogea les matelots et les officiers. Ceux-ci se coupèrent. Les présomptions se changèrent en certitude.

Le *Murillo* fut saisi et vendu au profit des victimes, et le capitaine puni avec toute la rigueur des lois maritimes, qui malheureusement ne permettaient point d'assimiler ce forfait à ceux des pirates.

Les lignes de Nouvelle-Zélande ne devaient point rester longtemps sans éprouver une nouvelle catastrophe.

Le 12 septembre 1874 le *Cosspatrick* quittait Londres, emportant, comme le *North-Fleet*, 400 émigrants allant à Wellington.

La traversée fut heureuse jusqu'aux environs du cap de Bonne-Espérance, où Camoens avait vu apparaître le génie des tempêtes. En dépit du souvenir du *North-Fleet*, les passagers du *Cosspatrick* faisaient des rêves d'or. Chacun se voyait déjà débarqué sur cette terre promise. En effet, quoique l'anthropophage n'ait pas complètement disparu, il a cessé d'être un danger. La plaie des rats et celle des lapins étaient les seules contre lesquelles les émigrés pouvaient craindre d'avoir à lutter lorsqu'ils seraient arrivés dans leur nouvelle patrie. Mais, pendant la nuit du 17 novembre, un incendie se déclara avec une violence inouïe. Il provenait de quelques étincelles échappées d'un falot et qui avaient couvé pendant plusieurs jours.

Un malheur n'arrive jamais seul. Le vent était tombé à plat et il n'y avait pas à l'horizon un seul navire. L'équipage du *Cosspatrick* se trouvait seul en tête-à-tête avec les flammes. L'homme luttait vaillamment et ne cédait que pas à pas le terrain à l'avide élément.

Mais l'incendie gagnait, gagnait toujours, et lorsqu'il arriva sur le pont, il prit un développement d'une rapidité véritablement foudroyante. Bientôt la partie de l'arrière où les femmes et les enfants étaient réfugiés fut enveloppée de toutes parts.

La chaleur était si intense que l'on vit des passagers sauter dans les flots, non point pour échapper, mais afin de trouver un genre de mort qui fût moins douloureux et plus rapide.

Ce fut bien pis lorsqu'on eut lancé à la hâte quelques canots, et que des espars, vergues, mâts, barriques furent tombés à la mer. Alors les époux précipitaient leurs femmes, et les mères s'élançaient avec leurs enfants dans les bras. Ceux qui étaient les plus hardis poussaient devant eux ceux qui leur étaient chers!

Deux embarcations avaient réussi à tenir la mer. La première, commandée par le second, portait trente et une personnes, et la seconde, par le lieutenant, en avait reçu vingt-cinq. Toutes deux, n'osant s'éloigner du navire-bûcher, tant qu'on pouvait croire qu'on en arracherait quelques infortunés restèrent à voir brûler le navire, qui ne sombra que le 19.

On espérait sauver le capitaine, sa femme, son fils et le médecin du bord, qui tous quatre avaient résisté aux appels, mais dont la silhouette s'apercevait encore. Au moment où les flammes venaient les saisir, ils se décidèrent à sauter à la mer. Il était trop tard; en s'engouffrant, le *Cosspatrick* souleva des tourbillons tels que ces infortunés périrent.

Jusqu'au 21 novembre les deux embarcations naviguèrent de conserve. Mais une bourrasque survint, et bientôt les compagnons du lieutenant perdirent de vue la barque du second. Depuis lors personne n'en a plus entendu parler. Un coup de mer l'a mise à fond. Au moins il faut l'espérer, tant le sort des naufragés qui ont échappé a été misérable.

Le lieutenant avait recueilli à son bord une femme. La malheureuse ayant succombé, sa jupe devenant disponible, il eut l'idée

Incendie du _Cospatrick_.

de l'ouvrir pour la changer en voile, et de l'étendre sur deux avirons. Ce mât singulier rendit d'immenses services.

Les vivres et l'eau manquaient d'une façon presque absolue, lorsque le navire sombra. On recueillit un peu de pluie avec les jupes de la passagère, pendant la tempête du 21. Mais lorsque le calme revint, la soif reparut.

Le soir, un matelot tomba à la mer pendant qu'il gouvernait. Le lendemain, deux de ses camarades, désespérant d'échapper, las de la vie, se noyèrent volontairement. D'autres, épuisés de faim, de soif et de misère, expirèrent l'un après l'autre.

Le 26, les naufragés étaient réduits à huit, sur lesquels trois avaient perdu la raison.

Le jour allait poindre, quand un navire passa près de la chaloupe. Les infortunés étaient si épuisés qu'ils ne purent même pas essayer de se faire entendre.

Le 27, un grain amena un peu d'eau. Chacun put boire quelques gouttes. Mais trois hommes, dont un des fous, succombèrent.

Le 28, le lieutenant était plongé dans une affreuse léthargie. Tout à coup il sentit au pied une sensation douloureuse. C'étaient les dents d'un des deux fous, qui, le croyant mort, commençait à le ronger avec une fringale fantastique.

L'émotion fut si vive, qu'après avoir eu la force de soustraire ses jambes à l'avidité de ce cannibale, le lieutenant s'évanouit. En ouvrant les yeux, il vit un grand trois-mâts qui avait mis le cap sur la chaloupe; avant qu'il eût eu le temps de se rendre bien compte de ce qui se passait, cet homme s'aperçut qu'on le portait dans une barque. Il s'évanouit de nouveau, et ne reprit connaissance que dans un lit, à bord du *British Sceptre*, trois-mâts anglais allant de Calcutta à Dundee.

On le débarqua avec deux de ses compagnons, le 6 décembre. C'était tout ce qui restait des quatre cent cinquante qui avaient quitté Londres à bord du *Cosspatrick*.

La catastrophe que nous avons à raconter est bien moins terrible et beaucoup plus consolante. On n'avait point encore oublié le *North-Fleet* et le *Murillo* lorsque cet incident se produisit, sur la même ligne. Le 15 avril 1889, le capitaine Morille, du steamer *Mohican*, qui fait le service des marchandises entre New-York et Liverpool, était encore en plein océan, lorsqu'il aperçut un bâtiment faisant des signaux de détresse. Le steamer *Danemark*, amenant de Copenhague 680 émigrants, et monté par 60 hommes d'équipage, était en train de couler. Le capitaine Morille n'était pas un de ces marins égoïstes qui, même en présence de l'océan, oublient toute solidarité humaine. Sans hésiter un seul instant, il se dérange de sa route pour donner la remorque au navire naufragé ; mais, malgré les efforts que l'on fit pour l'aveugler, la voie d'eau fit de tels progrès qu'il devint bientôt évident qu'il n'y avait plus qu'à évacuer au plus vite le *Danemark*. Le capitaine du *Mohican* ne chercha point à se dérober au sublime entraînement de la charité, il joignit ses embarcations à celles du *Danemark*, et l'on procéda au transbordement de cette masse humaine, comprenant non seulement des passagers dans la force de l'âge, mais des malades, des vieillards, des femmes enceintes, dont plusieurs sur le point d'accoucher, des enfants en bas âge, quelques-uns même à la mamelle. Il n'est pas aisé de donner une idée de l'état dans lequel ces malheureux arrivèrent sur le pont du navire sauveur, n'ayant plus rien de leur petit bagage, des derniers débris qu'ils portaient dans leur nouvelle patrie, ne possédant, hélas ! que les vêtements qu'ils avaient sur le corps.

Le *Mohican*, étant un steamer de faible tonnage, destiné à transporter du coton de New-York à Liverpool, n'avait aucune installation pour recevoir des passagers ; la majeure partie de ses hôtes involontaires durent rester entassés sur le pont, exposés aux intempéries de l'air, et serrés les uns contre les autres, comme des esclaves à bord d'un négrier faisant la traite. Mais, comme si

Sauvetage des passagers du *Danemark*.

l'océan ressentait du dépit de voir qu'on lui arrachait à la fois de si nombreuses victimes, il entra en fureur. On eut bientôt des craintes sérieuses pour le salut du *Mohican*, dont le pont était surchargé de près de cent tonnes de chair humaine, et qui pouvait aussi bien chavirer que couler. Il fallait à tout prix alléger le navire; le capitaine Morille avait le choix entre deux partis : le premier était de se débarrasser des passagers, résolution barbare à laquelle il ne songea pas un seul instant. Mais, du moment que l'on y renonçait, il fallait sacrifier la cargaison. Que diraient les armateurs, responsables vis-à-vis des expéditeurs? Est-ce que les assureurs consentiraient à considérer la situation dans laquelle le brave capitaine s'était mis, comme un cas de force majeure? Heureusement les craintes que ce magnanime officier aurait pu concevoir ne furent point réalisées. Dès qu'il eut touché aux Açores, le télégraphe répandit partout la nouvelle de l'acte d'humanité qu'il avait accompli avec tant d'héroïsme. Son retour en Angleterre fut un triomphe, et de toutes parts arrivèrent les hommages de reconnaissance!

Armateurs et assureurs se piquèrent d'honneur, pour ainsi dire, et rivalisèrent d'enthousiasme. On vit bien qu'il n'y a pas que les intérêts matériels qui passionnent les hommes d'affaires, et que les capitalistes sont susceptibles de ressentir des élans d'humanité!

Ces beaux exemples sont plus nombreux qu'on ne le pense, et l'on en peut signaler, sans avoir besoin de traverser la Manche, parmi les armateurs français.

Le 15 décembre 1889, se produisit dans la Manche un des abordages les plus funestes qui aient été jamais signalés. Le *Leerdam*, de Rotterdam, menait à Buenos-Ayres plusieurs centaines d'émigrants hollandais. Il fut heurté par un autre steamer, le *Gaw-Quam-Sia*, de Liverpool, dans des conditions si malheureuses, que les deux navires furent éventrés et coulèrent immédiatement l'un et l'autre.

La mer était mauvaise, et les embarcations insuffisantes. Équipages et passagers étaient perdus de part et d'autre si la double catastrophe ne s'était produite en présence de l'*Emma*, appartenant au port du Havre.

Le capitaine Boiroger n'hésite pas. Sur-le-champ il lança ses canots à la mer, et décida que l'*Emma* serait le refuge des naufragés. C'est à leur service qu'il consacra son beau vapeur. Sans tenir compte de ses engagements, il mit immédiatement le cap sur le Havre, après avoir sacrifié tout ce qui, dans la cargaison, pouvait nuire au sauvetage.

Les propriétaires de l'*Emma*, MM. Worms, Josse et Cie, le félicitèrent hautement de sa belle conduite, si digne d'un marin français. Ils le remercièrent du succès de cette expédition, dont le bénéfice était : *ci...* 500 êtres humains arrachés à la mort.

Quelques semaines plus tard, le *Journal officiel* annonçait que, sur le rapport du ministre de la marine, M. le Président de la République nommait M. le capitaine Boiroger chevalier de l'ordre national de la Légion d'honneur. C'était pour un service éminent, mais qui heureusement, dans la marine française, ne peut être considéré comme méritant la mention d' « *exceptionnel* ».

CHAPITRE XVI

En 1787 le gouvernement anglais conçut le projet de procurer à ses colonies d'Amérique l'arbre à pain et d'autres productions utiles de la mer du Sud. La mission de transporter ces plantes fut confiée au *Bounty*, navire de 450 tonneaux, armé de 4 canons de 6, de quelques pierriers, et manœuvré par 46 hommes d'équipage, sous le commandement du capitaine Bligh.

Dès son départ d'Angleterre, le commandant du *Bounty* avait eu de sérieuses discussions avec des officiers de son état-major. L'équipage, de son côté, murmurait fort de la dureté de son chef et des préférences dont il faisait preuve pour quelques favoris. Les causes d'excitation se multiplièrent pendant le séjour de plus de six mois que le *Bounty* fit à Taïti. En même temps les mécontents se fortifiaient dans l'idée de renoncer à leur patrie, pour vivre d'une existence facile, sur ces îles douées d'une température délicieuse, où la nature semble accueillir les hommes civilisés à bras ouverts. Le *Bounty* appareilla le 4 août, sans qu'aucun symptôme pût révéler le complot qui se tramait. L'équipage continuait d'obéir aux ordres de ses chefs, avec cette exacte subordination que l'on rencontre à bord des navires britanniques.

Les conjurés avaient préparé leur plan d'une façon si habile, si délicate, qu'aucun des marins menacés n'avait le moindre soupçon de ce que préparaient les hommes qui faisaient le même service, dormaient à leurs côtés et mangeaient avec eux.

La révolte éclata le 28 août 1789, en plein océan. 18 hommes, dont le capitaine, sont saisis de force, garrottés et embarqués sur une chaloupe de 22 pieds de longueur.

Les révoltés étaient partagés en deux camps : les prudents, qui voulaient s'assurer de l'extermination de ces témoins de leur rébellion, et les humains, qui n'osaient prendre la responsabilité d'un aussi grand crime que la mort de 18 compatriotes. Enfin le parti le moins sauvage finit par triompher, et la barque s'éloigna du navire insurgé.

Le capitaine et ceux qui étaient restés fidèles avaient reçu 150 livres de biscuit, une pièce d'eau, un peu de rhum et du vin pour toutes provisions de bouche. On avait même consenti à leur laisser un octant et une boussole pour se diriger, quelques lignes de pêche pour augmenter, s'ils le pouvaient, leur maigre ration, et quelques coutelas pour leur défense.

Alors s'opéra un prodige de soumission de la part de l'équipage, de courage et de capacité de la part de leur chef. Sans perdre un seul homme, les victimes de cet attentat arrivèrent à Timor après avoir parcouru, en quarante-huit jours, douze cents lieues marines. Mais les insensés qui avaient commis une action si imprudente et si coupable à la fois furent bien loin d'avoir un sort pareil.

Sachant bien que le gouvernement anglais ne leur pardonnerait jamais leur crime, les révoltés se dirigèrent sur Tobouai, petite île voisine des parages de l'abandon, avec l'intention de s'y établir. Mais, les naturels ayant feint de ne pas comprendre ce que leur voulaient les hommes du *Bounty*, ils résolurent de se rendre à Taïti afin de chercher des interprètes.

Leur premier soin fut de combiner une fable pour expliquer l'absence de ceux qu'ils croyaient engloutis. Ils racontèrent que ceux-ci, ayant trouvé un site favorable pour fonder une colonie, les avaient envoyés dans l'île pour recruter les indigènes qui voudraient partager leur fortune. Il ne leur fut pas difficile de trouver des dupes. Ils revinrent donc à Tobouai amenant un grand nombre d'indigènes des deux sexes, et surtout des femmes. Cependant ils ne parvinrent point à vaincre la résistance des possesseurs de l'île, contre lesquels ils eurent à lutter à différentes reprises.

A mesure que le temps s'écoulait, les révoltés concevaient sur l'avenir des appréhensions de plus en plus vives. Ils se décidèrent donc à abandonner Tobouai et à revenir à Taïti, où ils furent reçus avec de vives protestations d'amitié.

Mais ceux des révoltés qui avaient conservé un peu de raison comprirent que séjourner dans une île si fréquentée était se condamner à une mort prompte, que l'amirauté ferait des recherches pour savoir ce que la *Bounty* était devenu, et que, pour échapper à la potence, il n'y avait d'autre ressource que de fuir dans un lieu écarté, loin de toutes les routes maritimes.

Huit d'entre eux, voyant que leurs compagnons s'entêtaient à séjourner dans cette île fatale, ne firent à Taïti qu'un séjour de vingt-quatre heures, et disparurent emmenant sur leur bâtiment les Taïtiens et les Taïtiennes qui consentaient à partager leur sort.

Bien leur en prit d'avoir adopté cette résolution, car, bientôt après leur départ, arriva d'Angleterre le brick de guerre *Flore*. Tous ceux qui se trouvaient à Taïti furent cernés, arrêtés, transportés en Angleterre, jugés, condamnés et pendus haut et court.

Instruits par les difficultés qu'ils avaient rencontrées à Tobouai, les révoltés du *Bounty* recherchèrent un îlot peu accessible, complètement désert et bien approprié à la demeure de bannis qui fuient le monde. Ils découvrirent dans les îles Pomotou une terre assez fertile qui n'a que 5 kilomètres de large sur 4 de long, et ne possède aucun port. Malgré sa petite étendue, elle est parcourue du nord au sud par une chaîne de montagnes dont le principal sommet dépasse 300 mètres. Par surcroît de précaution, les révoltés détruisirent le navire qui les avait amenés. Puis ils transportèrent soigneusement tout ce qu'il contenait et les planches même de sa coque dans une vallée, où ils formèrent leur unique établissement aussi loin que possible du rivage. Ils donnèrent alors à la prison qu'ils s'étaient résignés à habiter au milieu des océans, le nom d'île Pitcairn.

Mais la paix et l'harmonie ne devaient point exister longtemps parmi ces bannis, et la société microscopique qu'ils prenaient tant de peine à dérober au contact du monde civilisé, fut troublée par le fléau de la guerre civile, et agitée plus cruellement que ne le furent les nations les plus nombreuses et les plus florissantes. En 1793 les Taïtiens avaient massacré la moitié des blancs, et ceux des blancs qui avaient échappé s'étaient vengés en mettant impitoyablement à mort tous les Taïtiens. Il ne restait plus que quatre blancs, dix femmes et quelques enfants.

La discorde agita encore cette colonie infortunée; elle ne s'apaisa que lorsque l'un des blancs eut été tué à coups de hache par ses trois camarades. Cette horrible tragédie fut amenée par la découverte d'une plante avec laquelle on pouvait fabriquer une liqueur fermentée. La débauche et l'ivrognerie avaient été la cause de cette nouvelle catastrophe.

Les survivants en conçurent un violent chagrin, et, leurs remords aidant, ils résolurent de changer de mode d'existence, en un mot de mener désormais une vie exemplaire.

Les trois derniers révoltés du *Bounty* décidèrent que leurs familles assisteraient matin et soir à des prières, et ils s'efforcèrent de célébrer tous les dimanches un service divin d'après le rite de l'Église anglicane, qu'ils avaient complètement oublié pendant leur vie de désordres. La mort successive de deux de ces pauvres diables laissa John Adams chargé seul du soin de diriger ce singulier troupeau. Le plus grand embarras de ce patriarche, qui réunissait ainsi tous les pouvoirs, était de répondre aux questions de ses ouailles, qui brûlaient du désir de connaître le livre divin qu'il n'avait jamais lu que d'une façon tout à fait imparfaite, et qu'il était réduit à tronquer d'une manière invraisemblable.

C'est en 1800 que John Adams commença à régner sur cette colonie solitaire. Pendant huit années aucun événement remarquable n'interrompit cette monarchie patriarcale. Mais en 1808 un navire américain aborda dans l'île. Ce fut l'occasion d'une grande joie et en même temps de terribles appréhensions pour John Adams.

Ce n'était pas sans quelque fondement que John Adams avait conçu ces craintes. En effet, en arrivant à Valparaiso, le capitaine américain n'eut rien de plus pressé que de raconter la singulière rencontre qu'il avait faite de 35 Robinsons Crusoés, parlant la langue anglaise et obéissant à un patriarche qui avait commis un acte de révolte ouverte contre l'amirauté britannique.

Le gouvernement anglais fut bientôt prévenu de ce qui s'était passé, mais la guerre contre la France le préoccupait trop sérieusement pour que l'on pût songer à faire une expédition à l'île Pitcairn. Le sang qui coulait avec tant d'abondance sur les champs de bataille et sur les océans des deux hémisphères, sauva le dernier des révoltés du *Bounty*.

Le 17 septembre 1814, les deux frégates *Briton* et *Tagus*, allant des îles Marquises à Valparaiso, rencontrèrent un îlot qui n'était pas marqué sur les cartes. Ils ne furent pas moins étonnés que le capitaine américain lorsqu'ils s'aperçurent que cet îlot était habité par une peuplade de métis parlant la langue anglaise.

Au premier moment John Adams crut que les deux navires avaient été envoyés pour s'emparer de lui et le mener en Angleterre. Cependant il fit de nécessité vertu, et, se présentant hardiment devant le commandant, il lui raconta tous les détails de son histoire...

Mais celui-ci ne tarda pas à le rassurer. Les longs malheurs, le laps de temps qui s'était écoulé depuis la révolte, le supplice de la majeure partie de ses compagnons, et la manière exemplaire dont depuis une quinzaine d'années il conduisait sa petite communauté, ordonnaient de lui faire grâce.

Cependant, en 1805, l'amirauté envoya un autre navire dans le but, non pas d'inquiéter Adams, mais de recueillir son témoignage sous la foi du serment, et dans l'intérêt de la science.

Adams mourut en 1869 ; mais l'histoire de l'île Pitcairn ne cessa pas après lui d'être peu ordinaire. Lorsque l'île fut reconnue et entra en quelque sorte dans le domaine de la civilisation, il y vint quelques colons. Un d'eux, nommé George Huun Nobbs, qui s'y était fixé en 1828 après une vie aventureuse, fut nommé pasteur et magistrat suprême par le suffrage universel des habitants. La population s'était élevée à 87 personnes, qui auraient vécu sans aucune appréhension si l'eau n'eût été excessivement rare. La crainte de la soif les décida à se rendre à Taïti dans le courant de 1831. Mais le séjour d'une île où la morale est très relâchée ne plut que médiocrement à ces gens simples, qui revinrent dans leur petit îlot. Ils n'y restèrent pas longtemps paisibles. En effet, un ambitieux nommé Josiah Hall, qui avait inutilement roulé dans les deux hémisphères, vint à Pitcairn et essaya d'établir par la conquête un pouvoir despotique sur cette communauté paisible. Les habitants de ce rocher ne furent débarrassés de ce rival d'Alexandre que par l'intervention d'un navire de guerre anglais, qui n'eut pas de peine à le mettre à la raison. Après son affranchissement, la colonie prospéra pendant plusieurs années. En 1856 elle se composait de 60 hommes et femmes mariés et de 136 enfants des deux sexes.

L'histoire de la descendance des insurgés du *Bounty* n'offre pas moins de péripéties que celle des enfants de Noé dans le premier siècle après leur sortie de l'arche. L'augmentation de la population ne fut pas aussi rapide que dans les plaines de Chaldée ; cependant le chef de ce petit État éprouva de nouveau les craintes qui avaient fait déserter l'île une première fois. Malgré tous les efforts que l'on avait faits pour établir des citernes, découvrir des sources ou creuser des puits, la soif, la hideuse soif, se montrait de nouveau dans un avenir prochain. Heureusement, le gouvernement britannique ayant supprimé la transportation dans les colonies australiennes, l'île Norfolk, qui était affectée à l'emprisonnement des convicts rebelles au travail, devint disponible. On mit à la disposition des Pitcairniens le pénitencier, désormais inutile, où ils s'installèrent avec joie.

Ce nouvel exode leur fit trouver pendant quelques années la paix et l'abondance. Mais, comme l'a si bien dit Danton, on n'emporte pas la patrie à la semelle de ses souliers. L'amour du roc natal troubla bientôt le sommeil de quelques-uns de ceux qui avaient vu le jour sur cet îlot imperceptible. Il devint bientôt nécessaire d'organiser une expédition pour rapatrier quelques familles, qui, à la date des dernières nouvelles, jouissaient d'une grande prospérité.

Un bâtiment américain qui les a visitées au commencement de 1889 a trouvé une population de 125 habitants, tellement habitués à respecter les prescriptions de l'Église anglicane, qu'il a été impossible de faire accepter un présent de vivres et d'objets d'habillements, parce que le navire avait relâché un dimanche. Cette rigueur piétiste ne s'est relâchée que pour recevoir des médicaments, dont l'île était complètement dépourvue. Les indigènes avaient quelques notions du monde extérieur. Ils recevaient de temps en temps des gazettes américaines, par lesquelles ils avaient appris l'élection de M. Harrison à la présidence des États-Unis, et les préparatifs de l'Exposition de Paris, ainsi que la construction de la tour Eiffel. Mais une autre calamité menace l'avenir de cette communauté déjà si éprouvée. Il y a une grande disproportion entre les deux sexes : le nombre des hommes n'est que la moitié de celui des femmes ! Que de drames se passeront dans un prochain avenir sur cet îlot étrange, à moins que quelque ingénieux homme d'État n'y importe une cargaison de jeunes gens à marier !

Le 9 mars 1887, le *Tamaris*, navire français en fer, était entraîné involontairement dans de hautes latitudes australes, après avoir doublé le cap Horn. Le ciel était couvert de brumes épaisses.

Le *Tamaris* se brisant sur les roches de l'île Pingouin.

Tout à coup un choc violent fait tressaillir l'équipage. Le *Tamaris* a donné sur un des écueils qui forment l'archipel des îles Crozet. Il est impossible d'aveugler la voie d'eau, et le *Tamaris* s'enfonce lentement dans la mer. Heureusement la lunette a indiqué à l'horizon une terre. L'équipage, composé de treize hommes, se jette dans le canot, après avoir à peine pris le temps d'y placer un petit sac de farine. On fait force de rames et l'on aborde sur un écueil dénué de toute espèce de végétation. C'est l'île

Pingouin, ainsi nommée à cause de la multitude d'oiseaux qui
en ont fait leur séjour ordinaire. Mais les êtres humains y trouve-
raient bien peu de ressources pour y prolonger leur misérable existence. Heureusement, en 1880, le croiseur anglais *Comus* a eu la
bonne pensée d'y construire une hutte qu'il a remplie de vêtements
et de vivres. Grâce à cette précaution, les naufragés ont pu vivre,

La cabane de l'île Pingouin au milieu de l'hiver.

dans une certaine abondance, depuis le mois de mars jusqu'à la
fin du mois d'août. Mais à cette époque l'impatience les a pris. Ils
ont voulu changer de prison et sont partis pour une cellule plus
large, l'île des Porcs, dont ils pouvaient apercevoir les plus hauts
sommets.

Ce nouveau départ a eu lieu malgré la volonté du capitaine,
qui s'était opposé à une entreprise aussi dangereuse.

Avant de céder, ce brave marin a laissé, dans la cabane de l'île qu'il abandonnait à regret, un résumé de sa lugubre histoire. De lui et du *Tamaris*, c'est tout ce qu'il reste. Malgré les recherches les plus minutieuses, on n'a pu recueillir la moindre trace de leur passage dans aucune terre de l'archipel. Puisse le triste sort des naufragés du *Tamaris* servir de leçon aux Pitcairniens! Avant de quitter leur île pour une autre, qu'ils songent qu'on a inventé de puissantes machines distillatoires, qui, grâce aux charbons d'Australie, leur donneront toujours de quoi s'abreuver, eux et leurs bêtes.

CHAPITRE XVII

L'orgueil qui a poussé les hommes à construire des palais immenses n'est point le seul sentiment auquel ont obéi les auteurs des vaisseaux d'une grandeur démesurée, dont parle avec étonnement l'histoire à différentes reprises.

En effet, un des premiers ingénieurs qui aient cherché dans les dimensions d'un navire géant les moyens de rendre la navigation plus économique et plus sûre n'était autre qu'Archimède. Mieux qu'un autre, cet illustre géomètre calculait les ressources que les marins trouvent dans la taille de leur bâtiment pour diminuer les frais de transport et pour lutter avantageusement contre la tempête. Le prince qui donna l'ordre d'accomplir ce grand travail était Hiéron, roi de Syracuse, un des princes les plus humains qui aient régné sur la capitale de la Sicile. Il s'entendait très bien avec Ptolémée Philadelphe, grand roi, sage et intelligent, qui, paraît-il, fit rétablir le canal d'eau douce creusé par Néchao II pour établir un passage entre la Méditerranée et la mer Rouge. Le but du grand navire d'Archimède était de faire le service entre Alexandrie et Syracuse, c'est-à-dire de monopoliser le trafic des deux grandes capitales du monde commercial; on lui donna donc le nom d'*Alexandrin*, qui indiquait suffisamment le but des armateurs et la justification de tant d'efforts.

L'*Alexandrin* avait non seulement une cale pour renfermer les marchandises, mais encore trois ponts superposés de la même manière que ceux de nos vaisseaux de haut bord. Le pont inférieur était réservé au logement de la garnison nécessaire pour repousser les tentatives des pirates, qui n'auraient pas manqué de s'acharner sur le sillage d'un bâtiment contenant une cargaison d'une valeur prodigieuse.

Les passagers demeuraient dans l'entrepont, où l'on trouvait une série de cabines à quatre lits, situées à droite et à gauche d'un couloir central, comme dans nos paquebots modernes. A l'avant on avait disposé des salons, et, à l'arrière, des réduits où étaient entassés les matelots ainsi que les esclaves des deux sexes faisant le service des chambres.

Au-dessus d'une partie du tillac s'élevait une sorte de galerie remplie d'arbustes et de fleurs rares, au milieu desquels surgissait un salon dont le pont formait dunette. Le plancher était pavé en agate et en corail. Toutes les parois intérieures étaient revêtues de boiseries peintes avec luxe et décorées d'incrustations d'ivoire, de nacre et d'argent. En dehors de ce somptueux séjour, réservé à l'usage exclusif des passagers, il y avait encore une salle à manger, servant de salon pour les hommes, et une bibliothèque. L'avant était défendu par de grandes tours en bois, où se tenaient des soldats de garde, et où l'on avait placé les machines de guerre les plus perfectionnées, telles que béliers et catapultes.

Les forêts qui recouvraient les pentes de l'Etna n'avaient point donné de chêne qui eût des dimensions suffisantes pour couronner l'édifice d'un si grand navire. Comme on ignorait encore l'art d'assembler les pièces de bois pour faire une seule poutre, on craignit un instant de ne pouvoir lui donner une grande voile, de dimensions proportionnées à son tonnage. Heureusement un paysan du Brutium qui menait les porcs à la glandée découvrit un orme d'une hauteur et d'un diamètre prodigieux, qu'on s'empressa d'aller abattre.

Archimède fut chargé de trouver un moyen d'épuiser la cale si de l'eau venait à s'y introduire. Il y parvint à l'aide de la vis qui porte son nom, et dont l'extrémité inférieure pénétrait jusque dans la sentine. Ce fut encore lui qui fut chargé de prendre les mesures nécessaires pour lancer l'*Alexandrin*. Le grand mécanicien qui a écrit qu'avec un point d'appui et un levier il soulèverait le monde, ne pouvait être embarrassé pour procéder à une semblable opération. Mais, afin de la rendre plus facile, il prit la précaution de ne construire d'abord que les œuvres mortes, c'est-à-dire celles qui sont submergées lorsque le navire est lesté d'une façon suffisante. L'*Alexandrin* était à flot lorsque les ouvriers construisirent les œuvres vives. Grâce à cette précaution, le lancement eut lieu avec un plein succès : il suffit de quelques hommes pour remuer cette montagne, qui ne cubait pas moins de 12 000 tonnes.

On avait eu beau accumuler les merveilles de l'art antique pour produire un morceau d'architecture maritime que nos ingénieurs de construction navale ne désavoueraient point, la partie faible était la chiourme, qui occupait le pont. Vainement Archimède avait multiplié ses combinaisons pour calculer la forme des palettes et du manche des rames, la disposition des points d'appui ou des bancs : toute sa géométrie ne pouvait donner aux muscles humains la force nécessaire pour lutter contre la tempête.

Ce navire avait un tel tirant d'eau qu'on éprouvait toutes les peines du monde à le faire entrer dans le port d'Alexandrie. On n'y parvenait qu'au moyen d'allèges, de sorte qu'on perdait en manipulations supplémentaires la majeure partie des avantages que donnait la capacité extraordinaire de sa cale.

Philopator, ayant voulu lutter contre les galères athéniennes, imagina d'avoir recours au procédé employé par Hiéron. Il tâcha même de faire oublier les merveilles déjà réalisées par ce prince, et fit construire, à ses frais, une galère qui surpassa de beaucoup les dimensions de l'*Alexandrin*. La coque avait été renforcée par douze énormes ceintures en bois de chêne ayant chacune un développement d'environ 280 mètres. L'avant sortait de l'eau jusqu'à une hauteur d'environ 22 mètres, et avait été décoré de statues en bois de 5 ou 6 mètres de hauteur. L'arrière entrait très profondément dans la mer. En cet endroit, la galère égyptienne avait un tirant d'eau de 24 mètres.

La partie où se trouvait le pont réservé aux marins était plus proche de l'eau, de sorte que les mariniers pouvaient ramer avec des avirons soigneusement équilibrés par des masses de plomb, et dont la longueur ne dépassait pas 17 mètres. Chacune de ces rames gigantesques était maniée par deux files de dix mariniers, assis sur des bancs parallèles et se regardant face à face, de sorte que les uns tiraient pendant que les autres poussaient.

Le pont où avaient lieu ces manœuvres avait une longueur de 130 mètres environ et une largeur très grande, ce qui permettait de mettre de chaque côté 50 avirons.

Lorsque la chiourme était au complet, elle se composait d'au moins 2 000 hommes, sans compter les relais, les caliers destinés au service des vivres, 400 matelots pour la manœuvre des voiles et 2 850 soldats pour le combat.

Outre les statues qui l'ornaient, le château de proue était hérissé d'énormes dents de fer, et présentait sur l'étrave un dard plus long que les autres, destiné à percer l'ennemi.

On s'aperçut que ce géant avait beaucoup fatigué dans son voyage d'essai, et on dut songer à le caréner. Cette opération aurait offert des difficultés insolubles, si un Syrien n'avait imaginé un moyen fort ingénieux. On fit entrer la galère dans un fossé communiquant avec la mer. Aussitôt qu'elle eut pris sa place, on isola le bassin où elle se trouvait, au moyen de portes qu'on avait construites à l'avance, et on enleva l'eau qu'il contenait, à l'aide de

la vis qu'Archimède avait appliquée avec tant de succès pour se
rendre maître des infiltrations de la cale de l'*Alexandrin*.

Les docks ont donc été inventés pour la réparation du navire
de Philopator, et les modernes n'ont eu que la peine de l'imiter.
Mais cette pratique de sa marine n'est pas la seule qu'on aurait
eu intérêt à conserver. Les capitaines avaient la précaution d'emporter des pigeons voyageurs, qu'ils lâchaient aussitôt qu'ils appro-
chaient du port. Prévenus avant le public de l'arrivée de leur
cargaison, les armateurs égyptiens pouvaient prendre les mesures
nécessaires pour s'en défaire dans des conditions exceptionnellement avantageuses. La galère de guerre de Philopator n'était pas
moins luxueuse que la galère de commerce du roi Hiéron. On
avait placé les rameurs dans un entrepont, de manière qu'ils fussent garantis contre les intempéries des saisons et qu'ils n'offen-
sassent point la vue du voluptueux monarque. La terrasse qui les
recouvrait était garnie de bosquets, de parterres semés de fleurs
les plus rares, de volières renfermant les oiseaux les plus bizarres. La poupe était couverte de sculptures dorées et argentées,
et les bordages agrémentés d'incrustations éclatantes ou de bas-
reliefs dus aux premiers artistes de l'Égypte. Les voiles effaçaient
en splendeur celles des vaisseaux sacrés des pharaons. Assis sur
un trône splendide, au milieu d'une cour de seigneurs couverts
de soie et de pierreries, le Ptolémée se plaisait à admirer sa puissance, et des instruments de musique l'empêchaient d'entendre
la voix des vagues. L'ambition de faire grand est tellement
dangereuse, qu'il n'est jamais prudent de s'y abandonner, même
lorsqu'on paraît avoir des raisons sérieuses de le faire.

On eût dit qu'en 1848 la Providence avait voulu fournir un
dérivatif, un calmant aux agitations socialistes. La découverte
de l'or vint diriger vers des pays lointains un grand nombre
d'hommes ardents, qui auraient sans contredit augmenté le trouble
des États civilisés, si leur désir d'améliorer leur sort, leur courage,

et leurs passions mêmes n'avaient trouvé en Californie une occupation lucrative attachante. Ce fut le cas ou jamais de s'écrier avec le poète : *Auri sacra fames.*

On peut dire que le Nouveau Monde sembla découvert une nouvelle fois, tant cet exode prit des proportions excessives. On vit une bande de chercheurs d'or prendre pour conducteur un aveugle, Jacques Arago, l'avant-dernier des frères du célèbre astronome. A cette époque on ne connaissait encore aucune mine de charbon de l'autre côté de l'isthme de Panama. Le défaut de combustible était la grande difficulté qui s'opposait à l'extension de la marine à vapeur aux voyages d'Australie et de Californie. Il fallait envoyer, dans les différentes stations du Pacifique, des voiliers chargés de houille d'Europe, que l'on accumulait dans les ports fréquentés par les steamers.

La formation de puissants dépôts de charbon était la base essentielle, la préface indispensable, de l'application des principes de Fulton à la navigation universelle.

Ces déplorables conditions économiques suggérèrent au fils du grand Brunel, qui lui-même était un ingénieur distingué, une idée véritablement digne de notre admiration. Elle fut aussi féconde que celle de son père, qui parvint à creuser sous la Tamise un tunnel dans lequel les trains pourraient passer d'une rive à l'autre sans qu'on eût besoin de jeter un pont, dont les arches auraient rendu encore plus difficile la circulation déjà si pénible d'un nombre prodigieux de navires se croisant dans tous les sens.

Brunel II imagina de construire un immense steamer qui emporterait dans ses cales, non seulement le charbon nécessaire pour aller à Sydney, mais encore pour en revenir sans avoir besoin de faire escale en route.

L'habile ingénieur construisit donc une immense ville flottante, dont les proportions dépassaient celles qu'Archimède avait données à son *Alexandrin* ; mais de même que la combinaison paternelle, ou celle du plus illustre géomètre de l'antiquité, l'idée de Brunel II fut loin de faire la fortune de ceux qui avaient été séduits par une conception aussi grandiose.

Le 1ᵉʳ mai 1855, le *Great Western* fut mis en chantier à Milwall sur les bords de la Tamise, dans un endroit où le fleuve auquel l'Angleterre doit une partie de sa prospérité maritime se déroule avec toute sa splendeur, sa majesté et sa magnificence.

L'opération absorba une vingtaine de millions; quoique poussée avec une activité fébrile, elle ne dura pas moins de quatre années.

Une de mes distractions favorites dans le séjour que je fis à Londres, où j'étais alors exilé, était de me rendre à Greenwich en bateau à vapeur. Avec quelques-uns de mes compagnons d'infortune, j'aimais à contempler le spectacle de cette fantastique activité, employée à une des plus belles œuvres des temps modernes.

Je n'oublierai jamais cette légion d'ouvriers frappant à tour de bras pour enfoncer les rivets dans ces tôles gigantesques, et remplissant l'air du bruit de leurs marteaux. On eût dit une de ces légions de fourmis attachées aux flancs d'un petit vertébré mort dans le voisinage de leur nid, et qui ne sera bientôt plus qu'un squelette.

Lorsqu'il s'agit de mettre à l'eau le monstrueux navire, qu'on nommait alors le *Leviathan*, on ne fut pas moins embarrassé qu'Archimède l'avait été.

La longueur du bâtiment étant de 210 mètres, il était dangereux de le lancer dans une rivière dont la largeur est à peine de 800. Son élan formidable l'eût infailliblement précipité sur la rive sud, où il se fût peut-être brisé, et en tous cas fortement avarié. On prit donc la résolution de le mettre à l'eau en le poussant de côté par tribord.

Mais l'opération à laquelle on dut se résigner offrit des difficultés prodigieuses, auxquelles personne n'avait songé. Pour décider le *Leviathan* à prendre possession de son empire, il fallut employer des machines hydrauliques travaillant avec une pression de 60 atmosphères.

La difficulté de les construire et de les faire marcher d'accord fut tellement grande, qu'on eut besoin de continuer cette marche de côté pendant 82 jours, non interrompus, même le dimanche.

A peine si l'opération, qui fut commencée le 8 novembre 1857, fut terminée à la fin du mois de janvier suivant.

Malgré les précautions les plus minutieuses, plusieurs accidents ensanglantèrent les rails sur lesquels le géant des mers glissait si péniblement. Il ne fit pas un mouvement sans que quelques ouvriers fussent écrasés par une fausse manœuvre.

On eût dit que ces catastrophes lui avaient porté malheur.

Quand il arriva à Deptford, la compagnie qui l'avait fait construire était en faillite; on le vendait aux enchères publiques à 20 pour 100 de ce qu'il avait déjà coûté. Avant d'avoir reçu ses mâts et ses moteurs, sa coque à peine humide avait déjà occasionné une perte sèche de 15 millions de francs.

La compagnie nouvelle qui l'acheta lui retira son nom biblique et l'appela *Great Western*, en l'honneur du premier navire à vapeur qui avait fait la traversée de Liverpool à New-York, et dont le tonnage était juste 26 fois moindre.

Il fallut plus d'une année pour le gréer et pour l'armer de ses deux machines, qui étaient de beaucoup les plus grandes que l'on eût encore construites.

Brunel avait jugé prudent de faire la synthèse de l'organe primitif de Fulton et de celui de Sauvage. Le *Great Western* avait un moteur de 1 600 chevaux pour son hélice et un de 1 000 pour ses deux roues. La machine de l'hélice avait 6 chaudières, 72 foyers et 3 cheminées; celle des roues, 4 chaudières, 42 foyers et 2 cheminées. Les foyers consommaient par jour 300 tonneaux, et le service des feux et des machines employait un personnel de deux

cents mécaniciens. Le navire ne jaugeait pas moins de 22,500 tonneaux : on voit qu'il pouvait, malgré cette excessive voracité, remplir son programme et emporter d'Angleterre le charbon nécessaire
pour un voyage aller et retour d'Australie. On peut dire que
Brunel a construit un paquebot sans rival à tous les points de vue.
En effet, quoique son allongement fût considérable, puisqu'il
n'avait que 25 mètres de largeur au maître bau, il était tellement

Le *Great Western*.

stable que le mal de mer y était supprimé d'une façon complète. Son
poids éteignait aussi les vibrations des machines motrices, et ces
trépidations si agaçantes à bord des paquebots ordinaires n'étaient
plus perceptibles.

Le *Great Western* était donc vraiment un roc inébranlable,
offrant une stabilité qui tenait à son immense longueur. Lorsque
la mer était grosse, il était toujours à cheval sur plusieurs lames.

Du haut du pont, qui dominait tous les autres navires, les passagers jouissaient de l'égoïste spectacle que décrit si bien Horace

lorsqu'il chante la satisfaction des gens paisibles qui, placés sur le rivage, voient les passagers ballottés d'une façon dangereuse sur les flots tumultueux de l'océan.

Mais le rivage de bois sur lequel se trouvaient les spectateurs glissait sur la mer avec une vitesse de 14 milles à l'heure, et laissait derrière lui tous les autres navires, qui semblaient s'épuiser en vains efforts pour le suivre.

Cependant cette qualité même n'échappait pas au proverbe : L'excès en tout est un défaut. L'abordage était aussi difficile que si l'on voulait escalader un roc à pic s'avançant dans la mer. Son premier capitaine le démontra à ses dépens : il se noya dans la rade de Southampton en regagnant son bord.

Dans toute amélioration importante il faut en quelque sorte essuyer les plâtres du progrès. Brunel avait imaginé d'employer des machines à vapeur pour aider les matelots à la manœuvre d'agrès que, surtout dans un navire de cette taille, on n'aurait pu manœuvrer à bras sans des efforts extraordinaires. On avait disposé sur le pont des machines accessoires pour le cabestan et le gouvernail. Mais on n'avait pas osé y établir des générateurs pour des organes d'un emploi tout à fait exceptionnel ; à l'aide de tuyaux enveloppés d'étoupe on conduisait la vapeur à ces diverses machines servantes.

Plusieurs fois ces tuyaux crevèrent. Le premier accident de ce genre arriva dans la rade de Hastings, où plusieurs matelots furent horriblement brûlés. Le second survint en pleine mer. La tige du gouvernail se rompit, et le navire devint le jouet des vagues qu'il bravait avec tant d'élégance.

L'équipage se vit tout à coup impuissant. Pris de flanc, le *Great Western* éprouva un roulis effrayant. Se vengeant en quelque sorte de l'audace avec laquelle il les avait défiés, les flots arrachèrent les aubes et les rayons des roues ; cinq embarcations furent écrasées sur les plats bords.

Le *Great Western* resta ainsi livré pendant quinze heures, comme une masse inerte, à la mer en fureur. La coque n'a pas fait une goutte d'eau; pas une cloison n'a joué; pas un rivet, pas un boulon n'a manqué. Les tambours n'ont point souffert; hélices et roues sont demeurées intactes; les cheminées n'ont point été ébranlées. Enfin les deux machines n'ont eu aucune avarie. Jamais navire n'a subi d'une façon aussi brillante semblable expérience.

Cependant la peur est si mauvaise conseillère que cette épreuve mémorable le perdit. On ajouta foi aux récits fantaisistes de quelques trembleurs. Lorsque le prodigieux navire partit de Liverpool pour se rendre à New-York, il était bien loin d'emporter les quatre mille passagers sur lesquels avait compté Brunel. Quarante-six personnes seulement avaient osé tenter la fortune dans des conditions inverses à celles de César.

La traversée fut des plus heureuses. Elle s'accomplit en dix jours et demi. Ce résultat, des plus remarquables pour l'époque, fut plutôt nuisible que dangereux. Les Américains, qui ne se contentent plus maintenant de venir en huit jours, furent effrayés de cette rapidité extrême. Les journaux eurent beau raconter les récits enthousiastes des premiers voyageurs, les gens riches qui voulaient dépenser leurs dollars en Europe ont cru à de simples réclames payées à tant la ligne.

Le *Great Western* était encore vide lorsqu'il chauffa de nouveau pour retourner en Angleterre. Ce dernier coup acheva la seconde compagnie, qui fut mise en faillite comme l'avait été la première.

Un huissier, un papier timbré à la main, avait pris place dans la chaloupe du pilote qui alla chercher le navire géant au large. Cette fois il s'agissait de le saisir, afin de l'envoyer chez l'équarrisseur. Ce chef-d'œuvre d'architecture navale était condamné à une fin ignominieuse, parce qu'il n'y avait pas de port où il pût trouver une cargaison suffisante.

Nana-Sahib ayant disparu pour toujours dans les solitudes

glacées de l'Himalaya, il n'y avait plus à songer au transport des troupes de Sa Majesté Britannique dans l'Inde. Autre contretemps : on avait découvert des mines de charbon en Australie et en Nouvelle-Zélande. Heureusement les actionnaires eurent honte de ne pas faire un nouvel effort : l'huissier fut satisfait, et le grand bâtiment put remplir le rôle glorieux qui lui assure la place la plus brillante dans l'histoire des navires célèbres. Son nom se trouve attaché à la conquête des abîmes océaniques par l'électricité sous sa forme la plus sublime, celle qui permet à l'éclair de transporter la pensée humaine au bout du monde sans perdre sa merveilleuse vitesse, sœur de celle de la lumière ! A son bord s'est accompli le plus grand prodige réalisé par la science positive ! Actuellement on ne voit pas quel service comparable pourrait être rendu par un nouveau Léviathan à l'humanité laborieuse, jusqu'à la consommation des siècles futurs !

CHAPITRE XVIII

Au commencement du mois d'août 1858, la reine d'Angleterre assistait à l'inauguration de la digue de Cherbourg. Au milieu des fêtes que Napoléon III donnait à Sa Majesté Britannique, un télégramme lancé par un simple particulier effaçait toutes les préoccupations du moment, et faisait pâlir l'intérêt de la rencontre des deux souverains.

Le miracle de l'Anglais Bright venait d'être reproduit sur une immense échelle par l'Américain Cyrus Field. Comme la Manche l'avait été en 1851, l'Atlantique était supprimé par le télégraphe. Les deux moitiés de la famille humaine se trouvaient réunies en un seul faisceau désormais indestructible.

Mais dès le lendemain de ce beau jour, qui marquera dans les annales de la conquête du monde par le génie humain, des bruits sinistres commencèrent à se répandre.

Les télégrammes arrivaient encore d'Amérique, mais d'une façon de plus en plus lente, de plus en plus pénible. Le câble merveilleux qui avait rendu possible ce miracle déclaré irréalisable par les argus de la science, était malade; le câble se mourait. Enfin, après un mois d'agonie on apprit que le câble était mort!

Les savants avaient deux manières différentes d'expliquer la catastrophe. Les uns prétendaient que le mal provenait de l'aplatissement de l'enveloppe isolante, écrasée par l'énorme pression qui règne dans le fond des abîmes océaniques. D'autres prétendaient que la soudure des divers fragments du câble n'avait point été faite avec un soin suffisant.

Mais dans le public, qui ne voyait qu'une chose, la catastrophe, le découragement fut aussi violent que l'enthousiasme avait été prodigieux. Près de deux ans s'écoulèrent sans que l'on fît une seule tentative pour choisir entre ces deux versions contradictoires; mais ces deux années n'avaient point été stériles pour le développement de la télégraphie sous-marine. On avait posé des câbles si longs et dans des mers si profondes, qu'il était impossible de ne point reprendre courage.

Dans le courant de l'année 1860 on envoya au large en plein Atlantique un steamer portant des dragues assez longues pour pénétrer jusqu'au fond du grand abîme, et ramener à la surface tout ce qu'on avait laissé tomber. L'examen électrique du fil de cuivre arraché de ces profondeurs fut des plus rassurants. Les facultés isolantes de la gutta-percha n'avaient subi aucune diminution. La conductibilité du cuivre soumis à une pression de plus de 600 atmosphères était améliorée, comme si le métal avait subi une sorte de laminage. Le métal s'était comporté au fond de l'océan comme du vin mis en bouteille, qui gagne en qualité lorsqu'on le laisse vieillir au fond d'une cave.

L'autopsie cadavérique démontrait bien que si le courant avait cessé de passer, c'était parce qu'il avait rongé lui-même le cuivre; cependant on ne pouvait nier que le diamètre n'eût été pris trop petit, afin d'économiser le poids.

Ce qu'il fallait, c'était un grand navire qui pût exécuter à lui seul l'opération gigantesque, et emporter dans sa cale un fil de dimensions suffisantes. Des deux côtés de l'océan il n'y eut qu'un cri : C'est le *Great Western* qui posera le *grand câble*. L'idée se répandit avec une rapidité véritablement électrique. Une souscription internationale, à laquelle les actionnaires de la première compagnie furent admis de préférence, fut ouverte. En trois mois la somme de 17 millions était recueillie, et le *Great Western* était complètement gréé.

Le nouveau câble était fabriqué à Deptford, en face du chantier où le *Great Western* avait été construit. Mais il est facile de comprendre que la noble rivière qui avait eu tant de mal à le recevoir lors de son baptême, quand sa coque était nue, n'avait point assez de profondeur pour le soutenir alors qu'il était surchargé de ses agrès et de sa cargaison, immense colis pesant 7000 tonnes.

Quelques-uns de ces inventeurs qui ne doutent de rien proposaient de soutenir le navire monstre avec des allèges proportionnées à sa taille.

Mais, avec beaucoup de sens et de raison, on trouva plus naturel et plus commode d'employer tout simplement un ponton pour la première étape du gigantesque colis sur l'humide élément.

On prit dans les arsenaux une vieille frégate qui avait figuré avec honneur aux combats de Trafalgar et du cap Saint-Vincent; on la rasa et l'on enleva toutes les cloisons intérieures, de manière à former une cale immense dans laquelle le câble monstre pût être logé. L'*Isis* eut ainsi l'honneur de terminer sa carrière belliqueuse en travaillant à une œuvre de pacification universelle. Sa dernière campagne fut de porter au *Great Western*, mouillé dans les eaux de la Medway, le glorieux fardeau qu'il ne pouvait lui-même aller chercher.

Quand le transbordement fut terminé, le *Great Western* leva l'ancre et se dirigea rapidement vers Valentia. Sa cale renfermait un serpent replié cent mille fois sur lui-même, dont le corps pesait plus que mille éléphants, et dont la longueur dépassait trente mille fois celle du serpent de Laocoon. Cent mille anneaux superposés étaient entassés l'un sur l'autre. Cependant ce serpent prodigieux n'avait ni sa tête, par laquelle il devait tenir à l'Irlande, ni sa queue qui devait l'accrocher à Terre-Neuve. Tête et queue devaient être soudées au corps en pleine mer, et étaient placées à bord de deux navires différents. La *Caroline*, qui portait la tête, fut entourée dès la pointe du jour par une centaine de canots indigènes. On eût dit les barques des Sandwich groupées autour des navires du capitaine Cook. Méthodiquement ces embarcations se rangèrent de manière à former les grains d'un chapelet, dont le câble était le lien fondamental. Quand la première barque arriva au point où le ressac se fait sentir, les matelots qui la montaient descendirent dans l'eau. Plus d'une fois ils auraient été noyés s'ils ne s'étaient servis du câble pour se cramponner, se soutenir, se souder d'une façon inébranlable; malgré la lame, on eut bientôt atteint le pied de la falaise, et l'ascension se termina comme un triomphe. Des salves de coups de fusil et le son de la cornemuse annoncèrent que le cylindre de cuivre était en communication avec les appareils renfermés dans une cabane d'humble apparence, mais qui effacerait tous les palais du monde si elle parvenait jamais à recevoir d'une façon régulière les messages américains. L'électricité annonça cette première victoire à toutes les villes du vieux continent!

Une fois les derniers préparatifs terminés, le *Great Western* se mit en marche avec une lenteur pleine de majesté. En commençant l'opération, l'araignée géante ne filait son câble qu'avec une vitesse de trois nœuds. Mais la mer est si calme, l'air si limpide, et l'Amérique si éloignée, que le capitaine Anderson augmente progressivement la vitesse, pour l'élever jusqu'à six nœuds.

Tout à coup la cloche d'alarme retentit. On se précipite autour du cabinet des électriciens. Le courant ne passe plus. Le miroir est retombé à la position d'équilibre. Il y a une fuite!

La seule chose à faire est de revenir vers l'Irlande, en rembobinant la ligne jusqu'à ce que l'endroit défectueux ait été saisi, coupé, remplacé par une portion tout à fait irréprochable.

Quelque temps après avoir commencé ce mouvement rétrograde, on s'aperçut que la chaudière fuyait. A bord de tout autre navire, ce contretemps eût arrêté l'expédition. Mais le *Great Western* était une véritable usine flottante : une heure après l'explosion, le tube était remplacé, et le repêchage continuait.

A peine avait-on relevé deux milles de câble que la *fuite* était

Ces embarcations se rangèrent de manière à former un chapelet dont le câble était le lien.

en main. On constatait qu'elle était produite par un fil de fer affilé, affûté comme le tranchant d'une flèche et traîtreusement introduit dans l'intérieur de l'armure.

La partie avariée fut amputée, et la soudure des deux bouts exécutée avec un art merveilleux, une perfection de nature à rassurer les plus timorés. Mais on était obligé d'admettre qu'il se trouvait dans l'équipage, au moins, un matelot capable d'un crime de lèse-progrès. Chacun regardait son voisin avec défiance. Les moindres mots étaient scrutés, analysés. Si une pareille situation eût duré, une rixe épouvantable aurait éclaté.

Heureusement, un autre accident vint créer des préoccupations telles, que ces soupçons furent fatalement oubliés. Les signaux s'interrompirent. Pendant vingt-quatre heures, électriciens et officiers, matelots, tous restèrent en suspens. Fallait-il continuer le voyage? N'était-il pas plus sage de revenir sur ses pas? Tout à coup la terre se remit à parler. Jamais depuis le départ les télégraphistes qui occupaient la cabane agreste construite dans les rochers de Valentia ne s'étaient exprimés avec tant de volubilité. Le *Great Western*, qui déjà s'apprêtait à relever le cylindre couché sur un lit gluant de vase, continua à laisser filer la ligne électrique. Après avoir suivi la longue route que nous avons essayé de peindre dans la *Pose du premier câble*, chaque anneau de cette longue chaînette disparaissait à son tour dans l'océan.

Nous ne pouvons suivre ici pas à pas toutes les péripéties de cette lutte de l'intelligence contre la brutalité fatale de la matière, nous sommes obligés malgré nous de renvoyer le lecteur à notre volume des *Drames de la Science*. Nous dirons seulement qu'après avoir lutté courageusement contre l'ouragan, le *Great Western* fut obligé de revenir en Angleterre n'ayant plus dans sa cale que les deux tiers de la cargaison, que l'on avait eu tant de mal à y ranger avec une parfaite symétrie. Deux immenses réservoirs étaient vides et l'on pouvait craindre que les deux mille kilomètres de câble qui n'y étaient plus fussent à jamais perdus. Le bout avait échappé précisément au-dessus du grand abîme, où il avait disparu avec une rapidité diabolique. On n'avait même pas pu parvenir à l'attacher à une bouée!

Au moment où un brave marin s'arrachait en pleurant du théâtre de la catastrophe, le *right honourable* Stuart Wortley annonçait que, quoi qu'il arrivât, la Compagnie transatlantique allait continuer son œuvre grandiose. Dans un discours plein d'entrain, d'enthousiasme et de science il démontrait que les résultats obtenus étaient le gage sérieux de succès futurs, qu'il serait absurde, ridicule, de se laisser détourner de sa voie par quelques revers qui seraient toujours réparables, et il fit partager sa confiance à tous ceux qui avaient confié leur fortune à l'océan.

Lorsque le *Great Western* reparut enfin, l'attitude énergique des intéressés produisait déjà sur l'opinion publique une réaction favorable. Une souscription nouvelle, couverte aussitôt qu'ou-

La soudure des deux câbles fut exécutée avec un art merveilleux.

verte, répondait aux assertions de ces trembleurs, qui triomphaient du sinistre, et étaient heureux d'affirmer qu'il n'y aurait jamais de communication télégraphique entre les deux continents.

Le plan de la Compagnie transatlantique peut être comparé à celui du Sénat romain après la bataille de Cannes, lorsqu'il mettait en vente le terrain sur lequel était campé Annibal. En effet, elle ne se contentait pas de réunir des fonds pour construire et placer un nouveau câble : elle annonçait carrément qu'après avoir réussi dans cette opération elle compléterait celle qui venait d'échapper au *Great Western* et qu'elle ne le laisserait point dormir inutile au fond de la mer.

Un peu plus M. Stuart Wortley aurait demandé d'élever une statue à la Fortune électrique, pour la féliciter de cette rupture providentielle. En effet, à l'aide de nouveaux calculs auxquels il n'y avait rien à reprendre, et qui se trouvèrent plus que vérifiés par les événements, il démontrait que le trafic télégraphique entre les deux mondes était trop actif pour qu'une ligne unique pût suffire. Constamment encombrée, cette ligne unique n'aurait servi qu'à faire des jaloux. On aurait été en quelque sorte moralement obligé d'attendre que deux lignes eussent été construites, pour les livrer simultanément au public.

Quelques mois à peine s'étaient écoulés que le nouveau câble était à bord du *Great Western*.

En industrie surtout, on peut dire que le malheur est toujours bon à quelque chose. Depuis la pose de la ligne de Calais-Douvres, la Compagnie de gutta-percha de Londres avait fourni des fils pour cinquante-cinq câbles, dont quelques-uns franchissaient des abîmes de 5 000 mètres de profondeur, et qui avaient un développement total de 16 000 kilomètres. La télégraphie universelle était déshonorée si elle n'enfantait pas son chef-d'œuvre. En conséquence le câble de 1866 était aussi supérieur à celui de 1865 que celui-ci l'était au fil imparfait de 1857. En 1865 la station de Valentia était en quelque sorte accessoire, elle ne jouait qu'un rôle purement passif, puisqu'on se bornait à étudier l'isolement. En 1866 la cabane de Valentia était devenue une station télégraphique de premier ordre. Unies par un conducteur dont la forme et la longueur changeaient à chaque instant, la petite île et la nef géante se donnaient le mot à travers l'océan. A bord étaient rangées les piles qui engendraient le fluide, à terre veillaient les vigies qui le voyaient palpiter. Dans le navire était le péril, et à terre au contraire on trouvait le secours. De terre venait l'ordre auquel le navire ne faisait qu'obéir! Pourquoi Lamartine n'avait-il pas compris cette merveilleuse collaboration! Quel livre il eût ajouté à ses *Méditations*!

Mais nous ne pouvons décrire en froide prose les détails de cet admirable drame, dans lequel le génie humain semblait avoir outragé la Nature. Celle-ci ne voulait pas lâcher prise. Quand elle eut tout épuisé, vent, foudre, brouillards, elle fit avancer ses banquises. Au moment où le *Great Western* allait attacher son grand câble à la bouée des eaux américaines, il faillit être emporté par une montagne de glaces. Mais ce dernier effort fut infructueux. Les réserves du Pôle avaient donné trop tard. En montant sur les vergues on pouvait reconnaître les côtes basses et profondément découpées de Terre-Neuve.

Déjà les forêts vierges de l'île avaient été entamées par la hache des bûcherons. Des guirlandes de fil la traversaient de part en part. Tout était prêt pour profiter de la victoire.

Bientôt le câble côtier fut soudé à celui qui venait de la haute mer : le serpent sous-marin eut sa queue, comme il avait déjà sa tête. Le courant parti de Heart's Content alla se perdre à Valentia, et le courant de Valentia se perdit à Heart's Content! Un même élan d'enthousiasme, un cri unique d'admiration s'éleva des deux continents. N'avait-on pas le droit de dire qu'il n'y avait plus d'Atlantique!

Enfin le *Great Western* avait complété sa tâche en relevant le câble de 1865 et en l'achevant, comme l'honorable sir Stuart Wortley l'avait promis.

La pensée humaine avait pour traverser les abîmes océaniques, non pas une voie, mais, d'un seul coup, deux voies distinctes.

L'émulation internationale vint donner une nouvelle impulsion à la pose des câbles. L'Angleterre ayant les siens, la France ne voulut pas rester en arrière. Une société se forma pour réunir le port de Brest à l'île de Saint-Pierre.

C'est encore le *Great Western* qui fut chargé de la pose. L'inauguration des travaux sous-marins eut lieu en 1868, avec une grande solennité, et fut un des événements industriels et scientifiques de l'année. Même après les merveilleux succès obtenus les années précédentes, cette grande opération souleva un véritable enthousiasme. Le *Great Western* devint le héros du moment. Je me rappellerai toujours avec bonheur le voyage que je fis à Brest, avec mes collègues de la presse parisienne, pour visiter l'immense

Bientôt le câble côtier fut soudé à celui qui venait de la haute mer.

bâtiment, qui était ancré au large de notre grand port militaire, et dont nous fîmes le tour sur un steamer.

Quoique je l'eusse déjà visité, dans la rade de Liverpool, le navire ne m'avait pas encore paru si gigantesque, si splendide. Ce triomphe en face de l'océan avait des proportions épiques qui me frappèrent d'une admiration dont mon cœur palpite encore aujourd'hui. Mes confrères, qui, pour la plupart, n'avaient jamais vu le géant des mers, furent bien moins émus. En effet, on ne s'habitue point à ces objets surprenants, dans la

combinaison desquels il semble que l'humanité se surpasse elle-
même, et que par un effort suprême elle entrevoit comme un
reflet de la divinité !

Mais à force de les contempler on arrive à les saisir, à comprendre l'esprit qui les pénètre, à l'identifier en quelque sorte
avec la pensée qui s'en dégage. On y voit autre chose qu'un

Le courant parti de Heart's Content alla se perdre à Valentia.

amas de cordages, de membrures et de mécanismes. On ne peut
contempler à la mer un de ces navires splendides, saintement
utiles, sans songer à l'âme que les anciens donnaient aux corps
célestes, dont ils faisaient des êtres supérieurs à l'humanité.

Il me semblait qu'il y eût dans le *Great Western* le *mens di-
vina*, le souffle qui agite la matière et même l'orgueil raisonné des
services rendus à la cause du progrès. L'immense navire se dres-
sant sur la vague se mirait avec complaisance à la surface des

flots. Il s'étalait plein de confiance dans l'infaillibilité de ses rouages, bondissait sûr de lui-même, et l'on eût juré qu'il accueillait les hommages de la Presse française comme un tribut légitime d'admiration que des êtres intelligents ne pouvaient lui refuser.

Je m'étais pour ma part épris d'une passion si vive pour ce géant des mers, que depuis lors j'ai été aussi douloureusement affecté de ses infortunes que si quelque calamité m'avait frappé.... Les douleurs de l'Année terrible n'ont point eu la puissance de le chasser loin de ma pensée. Elle l'a suivi dans toutes les épreuves auxquelles il a été condamné, et qu'il nous reste à raconter.

CHAPITRE XIX

LES VAISSEAUX FANTÔMES

Qui eût dit que ce navire acclamé, pavoisé, qui s'acquitta de sa grande et glorieuse mission avec une précision surhumaine, allait perdre sa merveilleuse spécialité?

Au moment où tous les journaux sans distinction d'opinion le couvraient de fleurs... de rhétorique, on avait déjà commencé la construction d'un navire rival, qui, construit pour poser des câbles, le faisait d'une façon plus économique. Le *Great Western* fut dépossédé par une flotte de steamers électriques, dont les noms sont inscrits glorieusement dans les annales de la télégraphie, mais dont les proportions étaient réduites au strict nécessaire et qu'on pouvait fréter d'une façon moins dispendieuse.

Quand les propriétaires du navire géant virent que la pose des câbles leur échappait, ils cherchèrent à l'employer sur la route de Bombay par le Cap, pour le transport des cotons à Liverpool. Mais pendant que l'Angleterre avait réuni deux mondes avec son câble, la France avait séparé par un canal les deux moitiés de l'ancien continent.

À l'œuvre de Brunel la route de l'Inde était définitivement fermée par le triomphe de Lesseps.

Afin de permettre au *Great Western* d'échapper aux démolisseurs, on en fit un rival des bateaux de fleurs de l'Extrême Orient, où les riches Chinois vont fumer l'opium et se livrer à tous les excès auxquels les fils de Han s'abandonnent lorsqu'ils oublient leurs habitudes traditionnelles d'économie et de prudence.

Il devint une sorte de théâtre ambulant, que l'on promena de port en port; on espérait que les populations maritimes se précipiteraient vers le navire colosse comme les badauds vont dans les foires admirer le poids des femmes géantes.

Cette spéculation échoua de la même manière que toutes celles que l'on avait essayées. Lorsque l'Angleterre dut envoyer des troupes au Soudan, le *Great Western* ne put même les prendre à son bord. Aucun port d'Égypte n'aurait été en état de recevoir ce rival de la galère de Ptolémée Philopator.

Pendant l'Exposition de 1878 on avait cru le *Great Western* sauvé. En effet on eut l'idée de le mettre sur la ligne de New-York au Havre, à la disposition des milliers de voyageurs qui devaient visiter notre exposition. Malheureusement ce grand concours fut organisé sans l'intelligence profonde des immenses ressources que trouve le génie quand il veut employer les conquêtes de la science à allumer l'enthousiasme des populations. Les Américains vinrent en nombre si restreint, que personne n'eut l'idée de recommencer en 1889 ce qui avait si radicalement échoué onze années auparavant. Les derniers coups de marteau des cyclopes de la tour Eiffel remplissaient encore les échos du Champ de Mars lorsque les débardeurs de Liverpool commencèrent à faire grincer leurs tenailles pour arracher les premiers clous de la carène du grand navire condamné. Un vulgaire remorqueur suffit pour le traîner vers le lieu de son supplice ignominieux. On eût dit un éléphant qu'un rat conduirait à l'abattoir.

Tout n'est peut-être point fiction et mensonge dans les histoires que les matelots racontent sur le gaillard d'avant : le *Voltigeur hollandais* et même le *Grand Chasse-Foudre* sont sans doute des navires qui ont péri dans des circonstances analogues. C'est probablement le souvenir défiguré de catastrophes imméritées qui a donné naissance à des légendes exprimant l'indignation populaire, et tellement transformées que M. Jal, l'historiographe de la marine, n'a pas trouvé moyen de reconnaître leur origine. Évidemment le *Great Western* a tout ce qu'il faut pour figurer dans les contes qui berceront les futures générations. Pourquoi quelque typhon ne l'a-t-il point saisi par le travers et précipité dans quelque gouffre, afin d'éviter à l'homme la honte de détruire par son vandalisme la gloire d'avoir créé ce chef-d'œuvre de navigation !

On dirait cependant que Neptune se repentit d'avoir montré tant de clémence. Le jour de la vente du *Great Western* les membres de la bande noire d'Angleterre accoururent à la curée. Il en vint, paraît-il, tout une bande d'Amérique et d'Australie !

La Compagnie du *Great Western* avait mis à la disposition des équarrisseurs maritimes un steamer qui devait les porter tous à bord le jour des enchères. A peine ce bâtiment néfaste avait-il quitté le quai, qu'il s'éleva un ouragan épouvantable. Peu s'en fallut que tous ceux qui allaient se disputer les dépouilles du navire géant ne périssent au milieu de la tempête.

Les enchères eurent lieu pendant un ouragan épouvantable. Pour la première fois peut-être le *Great Western* roulait et tanguait d'une façon désespérée. Le commissaire priseur avait la plus grande peine du monde à tenir son marteau.

Le *Great Western* avait été construit avec tant de soin, on avait employé des matériaux si précieux que, malgré le prix relativement élevé des enchères, deux ou trois générations de brocanteurs s'enrichirent pendant qu'on le démolissait.

Par une sorte de ruse pieuse, les journaux anglais lui rendirent, lors de son dernier voyage, le premier des noms qu'il a successivement portés. Nous avons cru devoir faire comme eux, quoique ce soit sous un autre, celui de *Great Eastern*, qu'il ait été désigné pendant qu'il s'immortalisait.

Aujourd'hui la flotte télégraphique se compose de trente-six steamers, dont le tonnage général dépasse à peine le double du sien. Deux navires sont surtout célèbres parmi ses successeurs. Ce sont la *Dacia*, par la multitude des opérations dans lesquelles elle s'est distinguée, et le *Silver Town*, parce qu'il est le plus gros de tous.

Si on le compare au *Great Western*, sa taille est bien faible, car il est un tiers moins large et moitié moins long, mais il porte aisément dans ses cales 5000 tonnes de câble, tandis que le *Great Western* n'en avait que 7000 lorsqu'il réunit les deux continents. En outre il débite son fil avec une vitesse souvent égale à neuf nœuds, tandis que le géant des mers dépassait rarement six nœuds.

Les sirènes se sont envolées, les cyclopes ont disparu. Les pirates et les négriers sont en train de devenir des mythes comme le serpent de mer; cependant, que de légendes notre siècle, qu'on dit si prosaïque, ne parvient-il point à préparer pour les matelots de l'avenir.

Vers le milieu de 1888 on reçut d'Amérique un avis véritablement étrange : un radeau immense, formé avec les arbres entiers des forêts du nord de la Nouvelle-Angleterre, avait brisé ses amarres dans une tempête. Une masse énorme agitée au gré des vents se balançait à fleur d'océan, s'agitant avec fureur! Gare à la cale du navire qui entrera en collision avec le radeau titanesque! télégraphiait-on de toutes parts.

Il en résulta pendant quelque temps une sorte de panique. Le gouvernement des États-Unis prit la résolution d'envoyer dans ces parages des croiseurs chargés de détruire à tout prix cet immense écueil ambulant.

Des marins déterminés, choisis parmi une élite, devaient aborder bravement le radeau, y placer des cartouches de dynamite, et s'écarter en toute hâte, pour attendre l'explosion à distance.

Mais ces mesures étaient superflues, ces précautions inutiles : les croiseurs ne trouvèrent plus le radeau ; ils n'en découvrirent que des débris, des arbres isolés les uns des autres, qui n'avaient point assez de masse pour produire des collisions dangereuses ! Les coups qu'ils auraient infligés n'auraient pu démolir la plus fragile membrure.

Heureusement la violence de la tempête avait fait obstacle à celle de l'ouragan. Les liens de fer qui réunissaient en un seul bloc tous les troncs s'étaient brisés, les différentes unités de ce bloc formidable avaient été dispersées à la surface de l'océan. Un des exemples les mieux observés et les plus authentiques des étranges aventures qui ont donné lieu aux traditions fabuleuses des éternels croiseurs, vient d'être l'objet d'une enquête régulière.

Au commencement du mois d'avril 1888, une grande tempête éclata sur les côtes de l'État du Maine. L'équipage du schooner américain *White* fut saisi d'une terreur panique, se précipita dans ses embarcations et abandonna le navire.

Le *White* commença par dériver vers l'est avec une vitesse considérable, parce que l'équipage affolé n'avait même pas pris le temps de carguer les voiles. Tant que la toile ne fut pas mise en lambeaux par la tempête, le bâtiment possédait une rapidité qui rendait son abord presque aussi dangereux que si l'on avait rencontré le fameux *Voltigeur hollandais*. Le *White* fut aperçu par trente-six navires, qui consignèrent le fait sur leur livre de bord ! Que de récits auraient défrayé les conteurs du gaillard d'avant à une époque où les moindres circonstances étaient exploitées par une superstition puérile ! En compulsant tous les renseignements ainsi recueillis, on constata que ce bâtiment était resté dix mois à la mer, et qu'il avait parcouru une distance d'au moins 5000 milles sans un seul homme d'équipage. Il aborda enfin à une petite île, où les indigènes le saisirent, s'en emparèrent, et l'on fut obligé de le déclarer de bonne prise.

Notre siècle a vu s'accomplir des drames maritimes qui, malgré l'invention de l'imprimerie, se transformeront dans l'imagination des matelots de l'avenir. Le naufrage de la *Méduse* raconté par des survivants devant les cours de justice fournit les éléments d'un thème, hélas, trop facile à exploiter par les faiseurs de légendes.

Les funestes traités de 1815 nous ayant restitué notre colonie du Sénégal, la *Méduse* fut envoyée de Rochefort, le 16 juin 1816, pour aller prendre possession de Saint-Louis. Elle était accompagnée d'une flottille de trois bâtiments légers portant des troupes, mais qui, négligeant de naviguer de conserve, ne se trouvaient point à portée de secourir le principal navire lorsqu'il se trouva mis en péril par l'impéritie du chef de l'expédition.

Celui-ci était un ancien émigré qui, depuis un quart de siècle, n'avait pas embarqué une seule fois. Il avait passé cette longue période de temps dans un comptoir d'épicier. Mais comme il avait appartenu à la marine avant la Révolution, on lui avait donné le grade qu'il aurait eu s'il était resté au service pendant un quart de siècle.

La frégate échoua le 2 juillet, et elle fut abandonnée avec tant de hâte qu'on prit à peine le temps de fabriquer un informe radeau, sur lequel l'équipage se réfugia. Dix-sept hommes refusèrent de quitter le navire, dont rien ne paraissait menacer immédiatement l'existence, et se condamnèrent à partager le sort que l'océan lui réservait.

Quant à ceux qui avaient consenti à s'embarquer sur cette horrible machine, ils éprouvèrent une suite de souffrances inouïes qui sont restées gravées dans la mémoire du peuple par l'inimitable tableau où le pinceau d'un de nos plus grands peintres sut les résumer.

Cent cinquante matelots, soldats, fonctionnaires ou passagers, parmi lesquels se trouvaient des forçats, s'entassèrent pêle-mêle sur une sorte de parquet fabriqué à la hâte avec des planches mal jointes et occupant une surface de cent quarante mètres carrés! Chaque homme n'avait pas en moyenne un mètre carré pour se mouvoir. Pouvait-on supposer qu'une foule composée d'éléments si hétérogènes resterait paisiblement serrée en présence de la mort cruelle qui la menaçait de partout!

Lorsque le désordre des premiers moments se fut calmé, le commandant du radeau fit procéder à l'inventaire des vivres : on reconnut qu'on avait surtout songé au vin. Il n'y avait que deux petites barriques d'eau pour désaltérer une foule ardente. On n'avait point embarqué de biscuit, on s'était contenté d'emporter de la farine. Cette farine était affreusement avariée!

La seule partie des approvisionnements qui pût servir était un groupe de six barriques de bourgogne, trésor sur lequel ce n'était point assez de toute l'énergie de l'état-major pour veiller, car sans cesse on découvrait des misérables cherchant à employer mille moyens coupables pour mettre ce liquide au pillage, et s'enivrer avant de périr. Dans ces imaginations enfiévrées par le désespoir, la vue des provisions entretenait d'effrayantes convoitises.

C'est surtout lorsque le soleil disparut pour la première fois, que l'on comprit l'horreur de la position inénarrable dans laquelle on se trouvait. Alors une véritable terreur se joignit à la faim. On entendait les cris désespérés des infortunés qu'enlevaient les lames devenues grosses, les malédictions de ceux que les embruns glacés recouvraient, et qui se pressaient sur leurs camarades dans l'espérance d'arriver jusqu'au centre du radeau. Quelques-uns atteints de folie furieuse proféraient des menaces épouvantables, et lançaient dans la nuit des rires terrifiants.

Lorsque le matin revint, on reconnut que soixante infortunés avaient disparu dans cette première nuit! Mais cette lugubre constatation ne devait pas être la seule épreuve lamentable de la seconde journée.

La plupart des cadavres avaient été enlevés par les vagues, cependant quelques-uns restaient engagés dans les interstices des planches du radeau. Quelle ne fut point l'horreur des survivants qui avaient encore gardé quelque retenue lorsqu'ils virent que des affamés se précipitaient sur ces tristes débris humains, qu'ils dévoraient avec une avidité bestiale !

Ce qui augmenta surtout la colère, c'est de voir que ces forcenés employaient des précautions épouvantables, et qu'ils découpaient les chairs en tranches minces, de manière à les faire sécher au soleil, afin de diminuer leur saveur âcre et repoussante par une action naturelle destinée à représenter la cuisson.

En présence de ces horribles raffinements les officiers firent serment de mourir plutôt que de se laisser tenter par une si odieuse profanation. Mais qui donc a le droit de dire à la faim, la mauvaise conseillère : « Non, non, je ne t'obéirai pas. Quel que soit l'orage qui gronde dans mon estomac, ma vertu est solide, je résisterai quand même ! Je périrai, mais ne broncherai pas. »

Quelques-uns des naufragés de la *Méduse* essayèrent de suivre l'exemple de l'état-major du radeau et s'abstinrent de toucher aux mets révoltants qu'on dévorait devant eux. La vertu de quelques-uns dura pendant toute la seconde journée. Ils essayaient de tromper leur faim en avalant de petits morceaux de cuir provenant des baudriers ou des gibernes des soldats. Mais les infortunés, qui bravèrent encore pendant toute la nuit les affres de la faim, firent une découverte lugubre au troisième lever du soleil : ils reconnurent que les forces des cannibales avaient bien moins diminué que les leurs, et que les égoïstes qui s'étaient mis au régime de la chair humaine ne tarderaient pas à être maîtres du radeau !

Que feraient-ils ? Se contenteraient-ils de piller ce qui restait de vivres ? Attendraient-ils le dernier soupir de leurs futures victimes? Il était permis d'en douter, car il paraît que l'usage de la chair humaine allume une férocité singulière.

Si l'on en croit ce que racontent les Hindous, ce sentiment se développe chez les tigres eux-mêmes. Ceux qui ont goûté à l'homme dédaignent de poursuivre les moutons, les bœufs, les cerfs; c'est l'homme que chassent exclusivement ces animaux, qui arrivent à une force, à une taille et à une audace surprenantes. Un tigre mangeur d'hommes est la calamité de toute une province. C'est quelquefois par centaines que se comptent ses victimes!

Le vent s'était calmé, la mer était unie comme un miroir : les naufragés étaient donc délivrés de la crainte d'être enlevés par les flots. Mais la fin de ces appréhensions était loin d'être un soulagement pour ceux qui avaient conservé dans leur âme quelque sentiment de dignité. La réalité leur semblait plus poignante encore quand le soin de leur conservation ne venait pas les distraire de leurs épouvantables pensées.

La troisième nuit le vent recommença à souffler avec impétuosité, l'eau envahit le radeau. Les naufragés s'étaient blottis au centre, serrés les uns contre les autres comme un troupeau de moutons. Lorsque le soleil revint pour la quatrième fois, ils s'aperçurent que douze de leurs compagnons avaient succombé!

Un élan d'honnêteté les saisit, et ils rendirent les derniers honneurs à ces infortunés, en précipitant leurs corps à la mer, pour les soustraire à leur propre voracité : mais lorsqu'il s'agit de lancer le douzième cadavre, ils se ravisèrent et décidèrent qu'il serait plus sage, plus prudent de le garder.

La journée fut encore plus belle que la précédente, mais la faim les tourmentait de plus en plus. Au moment où, poussés à bout, n'en pouvant plus, ils allaient se jeter sur la dépouille qu'ils avaient réservée, ils virent arriver sur le radeau un vol de poissons volants.

Jusqu'à cette aubaine tous les efforts qu'ils avaient tentés pour

organiser la pêche avaient échoué ! Cette fois le hasard les servait
à merveille : un grand nombre de trigles, s'engageant dans les
interstices que laissaient les planches mal assemblées du radeau,
venaient eux-mêmes se livrer. Ils en prirent environ deux cents,
qu'ils placèrent dans une tonne vide. Quand tout fut ramassé, les
naufragés se décidèrent à faire cuire la moisson que le Ciel leur
envoyait.

Jamais encore ils n'avaient osé traiter de la sorte la viande
qu'ils extrayaient du corps de leurs compagnons. Cette fois ils
furent plus hardis, et, après avoir figuré sur une espèce de gril,
la chair humaine vint compléter la ration des naufragés.

C'est le seul repas régulier qu'ils purent faire pendant tout le
temps qu'ils séjournèrent à bord du radeau. Mais ce triste festin
de Thyeste fut suivi d'une nuit épouvantable.

En effet des Espagnols, des Italiens et des noirs, restés neutres
dans la première révolte, avaient formé le projet de massacrer
l'état-major et les marins français qui lui étaient dévoués. Le but
de ces misérables, qui croyaient la côte voisine, était de s'emparer
du sac dans lequel on avait mis l'or, l'argent et les bijoux, et de
se rendre à terre afin de gagner quelque ville, dans laquelle on
oublierait avec l'argent du crime les souffrances éprouvées !

Le combat commença, comme le premier, avec les ténèbres, et
dura jusqu'au retour de la lumière. Le calme ne revint qu'avec les
premiers rayons du jour ; alors on reconnut que les chefs de la
révolte s'étaient rendus eux-mêmes justice, et s'étaient précipités
dans l'océan.

Le 17 juillet, après 13 jours d'abandon, le brick *Argus* aperçut
le radeau qu'il recherchait. Les vivants n'étaient plus qu'au nombre de quinze.... A peine dix pouvaient encore bouger.... Si cette
situation s'était prolongée pendant quelques heures, aucun peut-
être n'aurait échappé !

Dès que le gouverneur du Sénégal apprit de la bouche des

naufragés les détails de l'abandon, il comprit immédiatement combien la conduite du capitaine était peu justifiée au point de vue nautique. Il se demanda si la frégate abandonnée avec tant de précipitation avait même été engloutie, et si l'on ne pourrait point arriver à l'accoster en temps utile pour sauver quelques-uns des marins qui avaient refusé de la quitter.

Il donna à une goélette l'ordre de parcourir les parages du banc d'Arguin.

La goélette retrouva bientôt la *Méduse*; près de quatre-vingts jours s'étaient écoulés depuis son échouage et cependant la mer ne l'avait point encore entamée. Elle était encore intacte comme au 2 juillet. A bord se trouvaient cinq matelots, derniers débris des dix-sept, que la faim et le désespoir avaient décimés! S'ils avaient eu des vivres en suffisance, tous eussent été sauvés.

Lorsque ces événements furent connus en France, ils soulevèrent d'un bout à l'autre du territoire un long cri d'indignation. Vainement le ministère essaya de couvrir la responsabilité de l'ancien émigré, et fit condamner comme coupable de libelle séditieux un des naufragés du radeau. Il fallut déférer le coupable à un conseil de guerre maritime. Il fut condamné à l'unanimité à subir la dégradation militaire et à faire cinq années de prison.

Cet épouvantable drame séduisit l'imagination d'un jeune peintre de vingt-cinq ans, alors complètement inconnu, et qui se nommait Géricault.

En artiste de génie, il choisit le moment le plus émouvant de cette longue série de catastrophes, celui où les naufragés ayant aperçu l'*Argus* faisaient de suprêmes efforts pour attirer son attention. Leur anxiété était d'autant plus poignante que deux jours auparavant ils avaient déjà vu le salut s'approcher ainsi, et que la voile qui avait allumé dans leur cœur ces fébriles espérances avait, hélas! disparu dans l'immensité.

Quel thème puissant montrant l'âme humaine remuée dans ses plus atroces profondeurs! Qu'elle est ruisselante d'inouïsme, cette situation d'infortunés sentant qu'un signe aperçu, qu'un cri entendu peut les arracher à la mort épouvantable qui leur est irrévocablement réservée! Toute leur âme, toutes leurs craintes, toutes leurs espérances étaient réunies, concentrées dans les contorsions fébriles de leurs membres amaigris, dans les appels désespérés qu'ils tiraient du fond de leurs poitrines convulsionnées!

Comprenant qu'il avait conçu le projet d'une toile qui devait à jamais l'immortaliser, Géricault se mit à l'œuvre avec une impétuosité incroyable, un amour immodéré de l'horrible. Il passait dans les hôpitaux de longues heures, bravant la contagion, pour étudier la faim et le désespoir sur des cadavres ou sur des moribonds affligés de maladies atroces et rendant l'âme dans les sueurs d'une agonie désespérée! Il épiait partout les derniers soupirs pour surprendre le secret de la douleur et de l'anxiété!

Le résultat d'observations faites avec un si prodigieux acharnement fut exposé dans le Salon de 1819 sous les yeux du public encore vibrant d'horreur et d'indignation. Jamais le pinceau d'un émule de Rembrandt n'avait trouvé tant d'énergie sauvage. Le dessin large et hardi, dont on peut juger par la gravure que nous mettons sous les yeux de nos lecteurs, aurait certainement déjà suffi pour communiquer aux spectateurs une poignante admiration. Mais c'est seulement en présence de l'œuvre originale qu'on peut se rendre compte de la vigueur et de la fierté magistrale de la touche, de la vérité des expressions, du modelé puissant des nus, et par-dessus tout de l'incomparable sentiment de tristesse répandu sur les moindres détails. Le succès fut hors ligne, inouï; cependant l'œuvre ne fut point achetée. Afin de ne pas être ruiné de fond en comble, l'artiste dut s'expatrier pour offrir sa toile aux Anglais. Mais de l'autre côté de la Manche il ne fut pas plus heureux. Il fut obligé d'organiser l'exhibition de son tableau, que le public fut admis à voir moyennant un prix d'entrée de 1 shilling.

Quelques années après, Géricault mourut des suites d'une chute de cheval. Le *Naufrage de la Méduse* était encore à Londres. Un ami dévoué l'acheta pour 6000 francs, prix bien inférieur aux

Le radeau de la *Méduse*.

frais matériels de l'artiste, et s'empressa de l'offrir au musée du Louvre contre le remboursement du montant de l'adjudication.

Mais l'administration des Beaux-Arts commença par refuser un marché si avantageux. Sans les réclamations virulentes de la Presse, ce chef-d'œuvre, si justement admiré, était traité comme l'*Angélus* de Millet. Comme on le voit, il n'y a rien de nouveau dans le martyrologe de l'art. L'auteur du *Naufrage de la Méduse* n'avait pas besoin d'échouer sur le banc d'Arguin pour être exposé à mourir de faim !

Mais nous n'avons que trop parlé de navires devenus inoubliables par le fracas des catastrophes qui s'attachent à leur nom. Réservons les pages qui nous restent à des bâtiments plus favorisés des dieux, à des constructions ingénieuses qui ont marqué une étape dans la conquête des Océans sans avoir arraché de larmes aux amis de l'humanité.

Cherchons à conserver le souvenir de la grande transformation de la marine accomplie sous nos yeux de notre temps, et qui a mis, au service des hommes, des auxiliaires plus dociles que les dauphins d'Arion.

Consacrons nos derniers chapitres à des navires célèbres par les services rendus dans la guerre éternelle que l'homme fait à la nature, lutte épique dans laquelle l'héroïsme se fait sa place au soleil de l'immortalité et se montre aussi grand que dans les combats qui, dans les siècles d'ignorance, ont trop souvent ensanglanté la surface des flots.

CHAPITRE XX

Si l'on en croit certaines chroniques recueillies par Dom.
N.-F. de Navarette à la suite de son introduction aux relations des voyages de Christophe Colomb, le premier bateau à
vapeur aurait été la *Trinitad* de Collioure qu'un certain Blasco
de Garay, capitaine de vaisseau espagnol, aurait fait manœuvrer
devant Charles-Quint et son fils, l'infant Philippe, dans la rade
de Barcelone, le 17 juin 1543. Le capitaine Garay aurait installé
à bord de la *Trinitad* une grande chaudière pleine d'eau
bouillante, qui actionnait deux roues faisant fonction de rames.
Mais en admettant l'histoire exacte, elle ne prouverait rien,
car le capitaine Garay aurait refusé de montrer son mécanisme et se serait contenté d'en faire admirer les effets. L'empereur aurait manifesté son admiration en faisant compter à
l'inventeur 200 000 maravédis, après lui avoir remboursé les
frais de l'expérience, et cela au grand mécontentement de son
trésorier.

En dépit de cette légende, on peut donc considérer, grâce au
marquis de Jouffroy et à Papin, la France comme ayant été à deux
reprises la patrie des bateaux à vapeur. Mais on peut ajouter que
ce qui se passa prouva à deux reprises différentes « que nul n'est
prophète dans son pays ».

Perier ayant fait venir à Paris une machine à vapeur, Jouffroy l'examina avec le plus grand soin. Il acquit la conviction raisonnée qu'on pouvait placer ce moteur à bord d'un bateau et l'employer à faire tourner des roues à aube qui forceraient le bâtiment à marcher contre le vent, le courant et la marée.

Deux amis de l'inventeur lui confièrent l'argent nécessaire pour réaliser son projet. Le bateau ainsi gréé fut lancé sur la Saône, mais il coula, par suite d'un vice dans l'installation.

Aussitôt on en construisit un autre plus grand, qui avait 50 pieds de long : cette fois le bateau à vapeur ne coula pas, et de plus il réussit à fournir une longue course contre un courant pour le moins aussi rapide que celui de la Seine à Paris. On n'estime pas à moins de 10.000 le nombre des spectateurs qui assistèrent à cette magnifique expérience et qui l'accueillirent par des applaudissements frénétiques. Il semblait donc que la cause de la navigation nouvelle fût gagnée d'emblée, au moment même où Montgolfier ouvrait les airs aux fils de Prométhée.

Le ministre le plus influent était alors M. de Calonne, personnage léger, qui a contribué à accroître les embarras du gouvernement, mais qui était animé du désir de faire grand et aimait à encourager les arts et les sciences. Ayant reçu de Lyon des procès-verbaux en règle, il se hâta de les transmettre à l'Académie des sciences, en attirant l'attention de l'illustre compagnie sur les faits extraordinaires qui lui étaient signalés. Il avait l'intention de subventionner l'inventeur, mais avant de disposer des deniers du roi il croyait nécessaire de prendre les conseils de son Académie.

Malheureusement, cet avis que le ministre sollicitait, la compagnie ne voulut point le donner. Le secrétaire perpétuel répondit que l'Académie ne pouvait juger sur pièces, et qu'il fallait que les expériences fussent répétées à Paris. Il ne vint à personne l'idée de prier quelques membres de la docte assemblée de vouloir bien se transporter à Lyon, et le bateau continua à flotter sur la Saône, mais l'affaire fut coulée....

Le vœu de l'Académie se réaliserait cependant, et le bateau à vapeur devait venir à Paris pour se montrer à la première classe de l'Institut, qui l'avait remplacée.

Lorsque l'on convoqua le haut sénat scientifique entre les mains duquel se trouvaient les destinées de la France, les circonstances avaient bien changé : la Révolution avait détruit le trône des Bourbons, et le premier consul de la République française réunissait alors à Boulogne l'immense flottille destinée à envahir la perfide Albion.

L'inventeur en faveur duquel un autre ministre sollicitait la bienveillance du gouvernement n'était plus un gentilhomme français, c'était un citoyen américain nommé Fulton, un étranger qui prenait la place du marquis, émigré, fugitif, disparu dans la tourmente révolutionnaire, et n'ayant échappé à l'échafaud que par l'émigration.

La première classe de l'Institut accepta avec enthousiasme la proposition du ministre, et les expériences commencèrent le long de la rive droite de la Seine. On fit manœuvrer le bateau à vapeur depuis le pont des Invalides jusqu'à la barrière de Passy, c'est-à-dire précisément en face de la partie de Paris où devaient s'étaler à trois reprises différentes les merveilles de l'industrie du monde entier.

La commission académique fit plus que saint Thomas, qui s'était contenté de toucher : elle mit le bateau à vapeur sous ses pieds. On lui fit faire à six reprises différentes, trois fois en montant et trois fois en descendant, le chemin que tant de Parisiens ont accompli l'année dernière. Il sortit triomphant de cette sextuple épreuve. Les six voyages officiels eurent lieu avec une admirable régularité. Même en remontant la Seine, il filait avec tant de vitesse qu'un homme avait énormément de peine à le suivre. Il n'y avait plus moyen de mettre en doute la réalité des merveilles annoncées par le marquis de Jouffroy : mais, quelque habile que soient les inventeurs, la routine est souvent beaucoup plus ingénieuse.

Les commissaires déclarèrent que les bateaux à vapeur ne pouvaient être employés sur mer, parce que l'agitation des vagues ferait obstacle à la vaporisation dans les chaudières, et l'entreprise de Fulton fut condamnée comme l'avait été celle du marquis de Jouffroy. L'Angleterre dut peut-être son salut à ce singulier manque d'esprit pratique montré par des hommes instruits et intelligents.

Le préjugé qui était ainsi placé sous l'autorité morale de la plus célèbre assemblée scientifique du monde devait être singulièrement long à disparaître. Pendant bien des années les bateaux à vapeur n'osèrent se montrer sur l'océan, et c'est sur des fleuves que débuta la navigation à vapeur. Elle y resta fort longtemps confinée, et c'est là qu'elle triompha des difficultés inséparables des débuts de toute industrie nouvelle; c'est même là qu'elle prit son plus remarquable développement, et qu'elle rend aujourd'hui le plus de services à la civilisation. En effet elle permet aux nations européennes de dominer dans des régions qui leur auraient été encore fermées, tandis qu'avant l'invention de la vapeur les océans avaient été parcourus dans tous les sens par des voiliers. Sans ce secours providentiel, la France n'aurait jamais pu donner le signal de la conquête du continent noir, cette nouvelle croisade, qui sera l'honneur de notre siècle.

La première ligne fluviale régulière fut établie entre Greenock, port situé à l'embouchure de la Clyde, et Glasgow, ville manufacturière et maritime située un peu plus haut dans l'intérieur des terres. Le service fut fait avec succès par un steamer nommé *Comète*. Encouragés par ces débuts, les armateurs de Greenock construisirent un second vapeur, destiné à un service également important, mais plus difficile parce qu'il fallait traverser un bras de mer. Le *Rob-Roy* servit pendant quelque temps de paquebot à vapeur sur la ligne de Greenock à Belfast, capitale de l'Ulster et ancienne colonie écossaise dans le nord-est de l'Irlande.

La *Comète*, qui n'était qu'une mauvaise chaloupe à vapeur dont on ne voudrait pas actuellement pour embarcation auxiliaire d'un de nos grands steamers, fit naufrage en 1822. Cet accident exerça la plus heureuse influence sur la propagation de la navigation nouvelle. En effet, on en profita pour construire un vapeur

Fulton.

assez puissant pour se hasarder sur une mer plus dangereuse que celle dont les vagues avaient épouvanté les membres de l'Académie des sciences de Paris. On le destina à faire le service de Glasgow à Belfast avec escale à Greenock. Le *Rob-Roy*, que cette combinaison rendait disponible, fut envoyé à titre d'essai sur la ligne la plus importante, celle de Douvres à Calais.

La tradition rapporte que, dans cette première traversée, le *Rob-Roy* eut l'honneur de porter deux voyageurs dont l'un était au zénith de la gloire et de la réputation, et dont l'autre, encore jeune, devait arriver bientôt à jouer un rôle de la plus haute importance

dans la politique européenne : l'aîné était le vicomte de Chateau-
briand, qui quittait son ambassade de Londres pour devenir
ministre du roi de France, et le plus jeune, le vicomte Palmerston,
qui devait être à tant de reprises différentes le chef du gouvernement anglais.

Nous n'avons pu trouver à Calais la trace d'aucun monument
rappelant une date si importante dans l'histoire de cette vieille
cité. En effet, grâce à la vapeur, les relations entre la France et
l'Angleterre ont pris un développement inouï, et en ont fait une
ville maritime de premier rang. On estime qu'en 1889, pendant
que l'Exposition battait son plein, on a vu en certains mois
près de cinquante mille voyageurs prendre cette voie pour franchir le détroit. Que diraient, s'ils sortaient de leur tombe, les
vieux capitaines du paquebot anglais qui faisait si difficilement
le service de la malle de France deux fois par semaine, toutes
les fois que Neptune le leur permettait ?

Le voyageur anglais Arthur Young, qui visita la France au commencement de la Révolution, et qui nous a peint sous des couleurs
si sombres l'état des campagnes, nous trace un tableau peu séduisant de l'intérieur de ce petit bâtiment. Les cabines étaient déplorablement étroites, et les passagers y étaient entassés comme des
harengs dans une caque. La durée du voyage était excessivement
variable : il fallait généralement quatre heures, mais il n'était pas
rare d'en rester plus de huit, à courir des bordées. De plus il fallait rentrer au port presque chaque fois qu'il prenait fantaisie
au vent de tourner.

Lorsque Louis XVIII revint en France pour régner, à la suite de
la première invasion, il débarqua à Calais, arrivant de Douvres
en grande pompe sur un yacht appartenant au prince régent. On
éleva près de la jetée une colonne commémorative de cet événement, que les contemporains considérèrent comme beaucoup plus
important que l'entrée du *Rob-Roy* dans leur port. Cette colonne

était accompagnée d'une pierre représentant la trace que le pied du roi avait laissée sur le sable, où il avait débarqué. Cette singulière sculpture, rappelant l'empreinte idolâtrique de Bouddha, que les Cingalais adorent sur le sommet du pic d'Adam, existait encore en 1848; la monarchie de Juillet l'avait respectée, mais depuis elle a disparu.

Le succès du *Rob-Roy* ayant dépassé toutes les espérances des armateurs, on construisit à la fois deux steamers exprès pour les

Comète

mettre sur la ligne de Douvres-Calais. L'un d'eux se nommait le *British Sovereign* et l'autre l'*Union*.

Mais avant l'introduction de la vapeur dans le port de Calais, plusieurs villes disputaient à la ligne de Douvres le transport des voyageurs. Elles ne pouvaient rester dans des conditions d'infériorité, qui eussent pratiquement assuré le monopole de leur heureuse rivale.

Pendant que l'on travaillait au *British Sovereign* et à l'*Union*, on mit sur les chantiers le *Lord Melville* pour le service de London Bridge à Calais et le *Swift* pour celui de Dieppe à Brighton. Newhaven, création toute récente, comme l'indique son nom, n'existait point encore, et le débarquement avait lieu, non sans difficulté, sur la plage peu hospitalière où sont situés les bains.

A cette époque les chemins de fer étaient encore dans un état rudimentaire et avaient beaucoup plus d'ennemis que d'apôtres. Des savants distingués prétendaient hautement que jamais ils ne pourraient rendre les services que des utopistes en attendaient! Une des questions qui préoccupaient le plus les académies était l'établissement de tramways allant de Paris au Havre. Dans de semblables circonstances l'établissement d'une ligne directe de paquebots à vapeur partant du pont Royal et se rendant à London Bridge acquit une importance capitale.

On songea donc à créer le mouvement maritime que l'on voit depuis quelque temps se développer, et auquel les travaux de la basse Seine ont déjà procuré une fort heureuse activité.

M. Manby, ingénieur civil, qui avait alors quelque réputation, entreprit la construction d'un bateau en fer qu'il destina à ce service, et auquel il donna le nom biblique d'*Aron*, un instant fort célèbre à Paris par une lutte acharnée dont le détail a été précieusement conservé dans les journaux du temps.

L'*Aron* avait une trentaine de mètres de longueur et 7 mètres de large, en y comprenant les organes de propulsion, auxquels M. Manby avait malheureusement voulu donner une forme particulière, ingénieuse, mais rappelant trop les pattes de canard. A part ce mécanisme singulier l'*Aron* était de construction très satisfaisante. Il était solide et sa machine avait une force d'une trentaine de chevaux, chiffre considérable, surtout pour un steamer de rivière, à une époque où les moteurs avaient un poids et un volume énormes.

La traversée de la Manche fut heureuse et l'*Aron* arriva sans accident à Rouen. Mais alors la capitale possédait déjà une compagnie de bateaux à vapeur accélérés qui faisaient le service de la basse Seine, avec des aubes primitives, telles qu'elles avaient été imaginées par Fulton et Jouffroy. Immédiatement la compagnie française expédia le *Duc de Bordeaux* à Rouen, afin de constater sa supériorité de marche sur le navire fantaisiste anglais. La différence fut de plus de moitié en faveur du *Duc de Bordeaux*.

Ce résultat excita l'enthousiasme de toute la presse parisienne du temps, et ne surprit personne. Les organes simples sont toujours ceux auxquels la victoire définitive est assurée. Mais l'*Aron* ne venait pas de si loin pour se considérer comme définitivement battu dès la première rencontre. M. Manby expliqua son retard en prétendant que l'*Aron* avait perdu beaucoup de temps en passant sous une arche étroite où ses pattes de canard s'étaient accrochées en se développant. Apprenant que l'on mettait en doute la réalité de sa victoire, le *Duc de Bordeaux* alla chercher son concurrent jusqu'à Saint-Cloud. Il arriva juste au moment où l'anglais quittait le quai pour se rendre au port Saint-Nicolas. Il n'eut donc qu'à virer de bord pour recommencer la démonstration. Cette fois elle fut considérée comme décisive. Jamais les bateaux à pattes de canard qui se développent et s'effacent alternativement, n'ont eu nulle part le moindre succès depuis qu'ils ont été écrasés à Paris.

On ne s'est point borné à améliorer la condition des voyageurs embarqués à bord du steamer de Douvres à Calais : on a créé sur la côte anglaise de nouveaux ports. Sur la côte française on a merveilleusement amélioré ceux de Dieppe et de Calais. Afin de faciliter le transit, n'a-t-on point été jusqu'à établir des gares maritimes, tout à fait distinctes de celles qui sont réservées au service des villes. Dorénavant les voyageurs n'ont que quelques pas à faire pour passer du wagon sur le pont du steamer qui les attend.

La seule chose que l'on n'ait pas supprimé, c'est le mal de mer, genre de torture dont les marins se moquent, mais qui n'en est pas moins très réelle, et que beaucoup de gens n'envisagent pas sans de sérieuses appréhensions, même pour une traversée d'aussi courte durée que celle de Douvres à Calais.

Dans les premiers temps des chemins de fer, on plaçait les diligences sur les trains. Quand on arrivait au bout de la ligne, on descendait de voiture, et fouette cocher, le postillon complétait la route.

Ces manœuvres grossières, qui ont été un des étonnements de notre jeunesse, ont failli être reproduites d'une façon beaucoup plus rationnelle pour le passage du détroit.

M. Dupuis de Lôme, constructeur du *Napoléon* et inventeur d'un ballon dirigeable fort intelligemment exécuté, conçut le projet de placer les trains de notre ligne du Nord sur un vaisseau colossal qui les transporterait de l'autre côté du détroit comme une sorte de gigantesque colis, digne de Gargantua.

Quoique le savant ingénieur possédât alors une immense autorité scientifique bien méritée, et qu'il fût un des membres les plus influents de la première classe de l'Institut de France, sa proposition ne reçut même pas un commencement d'exécution. On lui fit mille objections de détail.

Mais son ingénieuse combinaison n'avait point été inutile. Elle fut accueillie avec enthousiasme de l'autre côté de l'Atlantique, où on la met en pratique sur une étonnante échelle.

La Compagnie du Grand Central Pacifique s'en sert avec toute sécurité pour transporter non pas un train, mais plusieurs à la fois d'une rive à l'autre du Sacramento, à l'endroit où il se jette dans la baie de Carquinez. Le bac à vapeur a une longueur de 130 mètres et une largeur de 35 mètres. Sur ce pont immense, dont les proportions atteignent celles d'une gare, on a placé quatre voies parallèles pouvant recevoir 48 wagons de marchandises et 24 énormes voitures américaines, dont quelques-unes ont des salons, des restaurants et des chambres garnies de lits. Ce navire prodigieux n'a qu'un tirant d'eau très faible, qui ne dépasse

pas deux mètres. Cette circonstance lui permet de s'approcher du
quai, de sorte que l'embarquement a lieu aussi facilement qu'un
changement de voie dans une station. Des machines hydrauliques mettent en mouvement les plates-formes à l'aide desquelles
les véhicules passent du pont sur le quai.

Le *Solano* est propulsé par deux immenses roues, ayant chacune neuf mètres de diamètre, mues par la vapeur et parfaitement

Le *Solano*.

indépendantes l'une de l'autre. Cette particularité de construction
rend l'usage d'un gouvernail parfaitement superflu.

Le mal de mer est, il est fort inutile de le dire, très fort atté-
nué à bord d'un bâtiment ayant sur les vagues une assiette si
formidable, qu'aucune lame ne peut l'ébranler sérieusement.
Cependant M. Bessmer, célèbre ingénieur allemand, a cherché à
mieux faire encore. Son projet fantaisiste restera célèbre dans
l'histoire des extravagances maritimes.

Il proposa de suspendre au milieu du navire les salons destinés aux voyageurs de première classe, à peu près comme l'aiguille d'une boussole reste horizontale au centre de l'habitacle. Il serait peut-être plus exact de comparer ce singulier équilibrage à celui des lampes dont on se servait à la mer avant l'électricité.

En industrie M. Bessmer était habitué à remporter d'immenses succès. C'est à lui que l'on doit la préparation en grand de l'acier par l'insufflation de l'air atmosphérique dans un creuset au milieu d'une masse de fonte liquide, une des opérations les plus ingénieuses, les plus utiles et les plus fécondes de la métallurgie moderne. Cette fois la fortune fut bien loin de lui sourire : son navire marchait si mal qu'il ne fit qu'un seul voyage. Après l'essai de ses machines, c'est à grand'peine qu'il put gagner le port où l'on s'empressa de le démolir.

Une solution beaucoup plus pratique fut imaginée par un capitaine de la marine marchande d'Angleterre, qui avait longtemps navigué dans la mer des Indes et l'océan Pacifique. Ce vieux marin avait été frappé de la facilité merveilleuse avec laquelle les pirogues doubles des indigènes tiennent la cape pendant des tempêtes que redoutent les meilleurs steamers de la Compagnie orientale. C'est le procédé de ces sauvages qu'il eut l'idée d'imiter.

On peut supposer que pour construire son *Calais-Douvres* il partagea un grand navire à vapeur en deux moitiés par un plan vertical passant par la quille, comme, avec un couteau, en frappant assez fort, on sépare les deux coquilles d'une noix. Alors il écarta les deux moitiés l'une de l'autre, et, après les avoir rendues étanches, il les plaça à une distance de huit à neuf mètres, et les relia ensemble par deux forts bâtis en fer.

Le succès fut si complet que l'on se décida bientôt à construire un second bâtiment sur un plan encore plus simple. Au lieu d'associer deux sortes de demi-navires, on en construisit un unique

très large, et dans le milieu de la coque on ménagea un véritable
tunnel dans l'intérieur duquel les roues motrices agissaient.

Ce navire avait une puissance et une stabilité considérables. Il

Navire Bessmer.

devint rapidement un favori. Cependant il n'est pas facile de
décrire sans dessin le désordre qu'un vent furieux met de temps en
temps à bord, en dépit de tous les perfectionnements. Que de fois
le mal de mer a troublé les songes des misses et des ladies rêvant

une ascension à la tour Eiffel au milieu des splendeurs de l'Exposition.

L'engouement dont ces navires furent l'objet n'empêcha pas les inventeurs de chercher à agir d'une façon tout à fait radicale encore en supprimant la traversée maritime

Nous avons connu un excellent homme, coiffeur de son métier, et qui avait fait sa fortune en inventant un cosmétique revêtu du titre pompeux d'huile de Macassar. Il faillit se mettre sur la paille parce qu'il imagina un pont flottant reposant sur une double rangée de bouées gigantesques. Le modèle d'une seule de ces machines faillit absorber toute son huile.

On nous a présenté un autre inventeur qui, recherchant le solide, avait imaginé de résoudre ce difficile problème à l'aide d'un gros tube de fer qu'on devait immerger par sections. Les derniers ajustements auraient été faits par des plongeurs : on aurait enlevé l'eau avec des pompes à vapeur.

Des projets plus sérieux, et qui ont excité quelque enthousiasme, sont ceux relatifs à la construction d'un pont gigantesque. Quelques ingénieurs, frappés du prix d'une si difficile construction, ont proposé de diminuer la dépense en établissant deux digues immenses allant au-devant l'une de l'autre, mais ne se rejoignant pas. De plus, les auteurs de ce plan singulier avaient la précaution de ménager sagement une grande ouverture, par laquelle les plus gros navires auraient pu passer sans difficulté. Dans cette lacune il n'y aurait plus eu qu'à construire un pont tournant semblable à celui de Brest, ou un pont permanent jeté à une hauteur suffisante pour laisser passer les navires.

Ces plans ultra-téméraires, auxquels il ne manque rien que d'avoir été praticables, n'étaient après tout qu'un retour au passé, puisqu'il fut un temps, probablement postérieur à l'apparition de l'homme sur la terre, où la Grande-Bretagne était réunie au continent par un isthme certainement d'une assez mince épaisseur.

Il y a encore un autre procédé infaillible, dont l'exécution a commencé sur une grande échelle. Il consiste à creuser un tunnel dont la longueur n'excéderait pas beaucoup celle du Gothard.

Nous avons visité il y a déjà longtemps les chantiers établis sur la rive française et sur la rive anglaise, et les travaux seraient terminés à cette heure si le Parlement britannique n'avait mis son veto. Mais il est à présumer qu'un jour ou l'autre le gouvernement anglais sentira le besoin de porter remède à l'encombrement croissant de la Manche en ouvrant une voie souterraine pour alléger le plus grand trafic qui soit au monde. Car, malgré les prescriptions relatives à la marche des vapeurs et à la tenue des phares, les sinistres se multiplient dans cette partie de l'océan avec une rapidité véritablement effrayante.

Que de mal, que de peine, que de trouble le gouvernement de S. M. Léopold II ne s'est-il point donné pour infliger un démenti à la géographie, et créer, en dépit de la configuration des rivages de la Manche, une concurrence sérieuse à notre grand service postal de Douvres à Calais ! Ces tentatives ont été secondées par l'Allemagne et même par la Suisse. Les chemins de fer rhénans ont modifié leur parcours, et le tunnel du Gothard a permis à l'Italie de coopérer à notre dépossession éventuelle. Mais malgré ces efforts Calais est resté le port de prédilection de la masse des voyageurs. Cette suprématie a été consacrée par les travaux terminés dans le courant de l'année 1889, pendant laquelle la ligne rivale a éprouvé deux catastrophes successives, qu'il n'est pas superflu de rapporter.

Quelques semaines à peine avant le voyage du président de la République à Calais, le 25 mars de l'année du centenaire de la Révolution française, l'express du Sud arrivait en gare maritime d'Ostende, avec sa ponctualité habituelle. Au point de vue de l'exactitude, les trains belges ne peuvent être surpassés. Les voyageurs à destination de l'Angleterre étaient attendus par la

Comtesse de Flandre, sous vapeur et amarrée le long du quai. Avant de monter sur le pont, tous exprimèrent hautement leur satisfaction; la mer était comme un miroir et l'air, aux environs de l'équinoxe, aussi calme que dans les beaux jours du solstice d'été. Personne ne s'inquiétait d'un petit brouillard très léger semblable à celui que dissipent les premiers rayons du soleil, et avec lequel les météorologistes le confondent quelquefois.

Après avoir roulé pendant toute la nuit sur les chemins suisses et rhénans, chacun s'empressa de s'installer à son aise dans des salons décorés avec un luxe moindre qu'à bord du *Calais-Douvres*, mais cependant qu'on peut encore dire princier.

Un des plus enchantés de l'aspect du temps était un vieillard d'environ soixante-dix ans, à la figure intelligente et expressive, au geste brusque. Ce personnage, évidemment habitué au commandement, était accompagné d'un homme plus calme et qui avait pour son compagnon une véritable déférence, respect mélangé d'affection. Derrière ce groupe marchait un vieux serviteur à longs cheveux blancs qui avait l'allure militaire. Le ruban qui s'étalait à sa boutonnière suffisait pour indiquer très nettement un ancien soldat français ayant servi dans les guerres d'Italie ou de Crimée. Les deux maîtres s'installèrent confortablement dans une cabine du pont, après avoir placé auprès d'eux une grande malle en cuir de Russie, dont ni le poids, ni le volume n'étaient considérables, mais qui excitait leur sollicitude d'une façon remarquable. Quant au domestique, après s'être assuré que l'on n'avait pas besoin de ses services, il alla se tapir dans un coin du gaillard d'avant; bientôt il s'endormait roulé dans une chaude couverture.

Pendant ce temps, la brume, au lieu de se lever, continuait à s'assombrir, de sorte qu'il devint bientôt difficile au timonier de voir ce qui se passait à quelques encablures du pont.

La *Comtesse de Flandre* n'était pas pourvue de sirène à vapeur, et le seul signal acoustique était une cloche qu'un mousse agitait à tour de bras, mais dont le son ne se fût entendu à une distance suffisante que si les steamers du détroit se contentaient de faire leurs douze nœuds, comme il y a quelques années.

Vers une heure et demie, les deux passagers de la cabine du pont entendirent des cris déchirants accompagnés de craquements formidables. Aussitôt ils s'élancèrent. En sortant de leur abri ils furent aveuglés par un mélange d'eau et de vapeur brûlante !

La *Comtesse de Flandre* avait été abordée par le tambour de tribord. Un grand steamer se précipitant avec furie avait enfoncé son étrave dans la chambre des machines. Le choc s'était produit avec une telle violence que la chaudière avait fait explosion.

Deux catastrophes s'étaient fondues en un sinistre immense ; en un instant, un éclair, la *Comtesse de Flandre* était perdue.

Ce naufrage restera peut-être beaucoup plus longtemps gravé dans la mémoire des passagers du détroit que d'autres où le nombre des victimes a été plus considérable.

Le personnage qui s'élançait ainsi sur le pont était le prince Napoléon ; celui qui le suivait était son aide de camp.

Son passage en Angleterre se trouvait donc souligné d'une façon inoubliable, et rattaché aux singulières péripéties survenues au printemps de 1889 dans la politique française.

Littéralement détaché du reste du navire comme un membre que la hache aurait amputé, l'avant avait complètement disparu. Le domestique du prince et douze ou quinze passagers, surpris dans leur sommeil, avaient été projetés sur les vagues, où ils flottaient tant bien que mal au milieu des épaves, en poussant des cris désespérés.

L'arrière du navire était à moitié submergé et offrait un spectacle lamentable. Les matelots et les officiers eux-mêmes avaient à peine eu le temps de se rendre compte de ce qui s'était passé.

Le prince, son aide de camp et quelques-uns de leurs compagnons d'infortune, s'attendant à être engloutis, cherchaient des objets en bois auxquels ils pussent s'accrocher. Une jeune femme évanouie était étendue sur le pont, et si près de l'abîme que ses cheveux trempaient presque dans l'eau.

A cent encâblures de la *Comtesse de Flandre* on voyait un grand navire stoppé. C'était la *Princesse Henriette*, qui avait quitté Douvres à midi et venait de couler sa sœur.

Heureusement, la cloison étanche de la *Comtesse de Flandre* n'ayant point cédé, des embarcations détachées de la *Princesse Henriette* vinrent recueillir les naufragés sur ce fragment de navire, qui flottait comme un coffre que le choc n'aurait point entamé.

Le prince Napoléon revint à Ostende sans avoir perdu la grande malle en cuir de Russie sur laquelle il veillait avec un soin si jaloux. Mais tout l'univers apprit qu'il se rendait incognito en Angleterre, et que son vieux serviteur avait péri dans les flots.

Quelques jours après, le prince regagnait Ostende, il était à bord de la *Princesse Joséphine*, navire de l'État belge, construit sur le modèle de la *Princesse Marie*. Au milieu de la traversée, un choc terrible réveille les passagers. La *Princesse Joséphine* avait rencontré une barque norvégienne, à laquelle elle avait enlevé son avant. Cette fois la *Princesse Joséphine* en fut quitte pour quelques avaries, et comme la barque norvégienne était chargée de planches, elle ne coula pas. On put lui donner la remorque jusqu'au port d'Ostende, où l'équipage arriva en parfaite santé.

CHAPITRE XXI

SUR LES GRANDS FLEUVES

En Amérique, l'invention de la navigation à vapeur excita un intérêt beaucoup plus vif que dans notre vieille Europe. Mais, au lieu d'employer tout simplement les roues du gentilhomme français, les inventeurs ont eu recours, de l'autre côté de l'Atlantique, à une série de combinaisons étranges faisant plus d'honneur à leur imagination qu'à leurs connaissances théoriques. Toutefois rien n'est plus instructif, plus curieux que l'histoire de leurs tâtonnements.

Deux ans après les expériences de Jouffroy à Lyon, un Américain nommé Fitch essaya de remonter la Delaware avec un bateau à vapeur à rames. Cette expérience bizarre eut l'approbation de Franklin. Aussi fut-elle répétée peu de temps après sous une nouvelle forme. Un autre Américain, nommé Ramsay, imagina de pomper l'eau par l'avant et de la rejeter à droite et à gauche. Cet essai n'ayant eu qu'un résultat négatif, un habitant de New-York nommé Chancelor Livingston obtint en 1788 de la législature de New-York un privilège pour la navigation à vapeur sur les fleuves et les rivières de l'État. Cette démarche excita le rire et le mépris même des compatriotes de Chancelor, et ce privilège resta pendant longtemps lettre morte. Mais il ne fut pas perdu, car il servit, paraît-il, à Fulton, qui en 1807 procéda à des essais sur la rivière

Hudson river. Il réussit à faire cent dix milles en vingt-quatre heures contre un vent violent.

Depuis lors il n'y a pas de grand fleuve des États-Unis qui n'ait été sillonné par de véritables flottes de steamers, construits avec le plus grand luxe, mais conduits quelquefois avec une imprudence dont le *go ahead* doit être considéré comme responsable.

Nous voudrions recueillir toutes les histoires bizarres que l'on raconte sur le Mississipi et le Missouri, ces chemins géants qui marchent avec une telle impétuosité, et sur les bords desquels une vie exubérante déborde dans toutes les saisons.

A notre grand regret nous nous bornerons à raconter une anecdote singulière, qui pourrait certainement figurer dans les légendes du Nouveau Monde quand on s'avisera de les recueillir pour l'édification des populations plus timides de l'ancien.

Le *Robert Carson*, navire de rivière, qui coula dans le courant de l'année 1888 près d'Évansville, dans l'État d'Indiana, sur l'Ohio, mérite certainement de devenir célèbre par un incident singulier. Plusieurs jours après la catastrophe, on fit une tentative pour renflouer ce bâtiment. Mais après quelques efforts infructueux on fut obligé d'abandonner l'opération. Un peu plus tard les mariniers qui étaient employés à la navigation du fleuve s'aperçurent, à leur grande stupéfaction, que le *Robert Carson* était revenu tout seul à flot. Vite les imaginations travaillèrent, et le bruit se répandit qu'un miracle s'était accompli.

Mais quand on examina de près ce qui s'était passé, on se rendit facilement compte de cette résurrection, dans laquelle il n'y avait eu aucune circonstance mystérieuse, mais le résultat d'une action naturelle.

Lorsque le *Carson* sombra, son entrepont était rempli de bestiaux, que personne n'avait pris soin de sauver; à peine si l'on avait eu le temps d'empêcher les passagers de se noyer, et la catastrophe avait même été si rapide que quelques-uns avaient

disparu. Comme les eaux étaient assez chaudes, les carcasses de
ces bœufs, au nombre de 500, avaient fermenté, il s'était dégagé
des gaz, qui avaient ballonné extraordinairement les peaux, transformées en autant de petites allèges, de sorte que l'épave s'était
dégagée d'elle-même.

Mais c'est surtout dans les régions habitées par des populations
sauvages, réfractaires à la civilisation, que les services de la navigation fluviale sont positivement inappréciables. Il y aurait un
bel ouvrage à faire rien qu'en racontant ce que la France doit aux
barques à vapeur dans la reconstitution de l'empire colonial que
les événements tragiques du règne de Louis XV et de la période
révolutionnaire avaient paru lui faire perdre à deux reprises différentes, d'une façon à jamais irrémédiable.

C'est sur de simples jonques de rivière remontant le fleuve
Rouge que Jean Dupuis établit une sorte de trafic régulier avant
l'occupation française, et accomplit les opérations commerciales à
la suite desquelles notre occupation militaire fut décidée. C'est à
l'aide des barques à vapeur de la Compagnie fluviale de Cochinchine
que s'exécute actuellement la majeure partie du commerce intérieur
de cette colonie et du Cambodge. Grâce à des chaloupes canonnières dont les noms deviendront un jour populaires en France,
nos soldats ont rapidement, glorieusement mis un terme aux insur-
rections du Tonkin. Faire l'histoire des navires qui se sont distingués dans cette noble croisade, ce serait retracer en quelque
sorte le tableau de l'établissement de la France dans l'Extrême
Orient.

Il en est de même du Soudan, où les glorieux travaux de Faidherbe ont donné l'impulsion à la fondation d'un autre empire
français. L'illustre chancelier de la Légion d'honneur a été enlevé
à ses admirateurs sans avoir vu réaliser son grand rêve, la réunion
du Sénégal et de l'Algérie, la suppression du Sahara qui sépare
encore Alger et Saint-Louis. Mais il a pu lire le récit des ex-

ploits de la canonnière *Niger* explorant d'une façon triomphale le grand fleuve dont elle porte le nom.

Dans la dernière campagne, dont l'ancien général de l'armée du Nord a connu les détails, le *Niger* est allé jusqu'à Tombouctou. Il est revenu à Manambugu, son port d'attache, après avoir parcouru 2000 kilomètres pour remonter le fleuve, et 2000 pour le descendre, en tout 4000 kilomètres, parcourus du 24 février 1887 au 6 octobre de la même année. Pendant 228 jours passés au milieu du continent noir, une poignée de Français ont fait flotter triomphalement notre drapeau civilisateur.

Lorsque la canonnière est partie sous les ordres du lieutenant Caron, elle n'était pas seule. Elle donnait la remorque à un chaland sur lequel avait pris place un officier chargé des relevés hydrographiques, qui ont été pris avec un soin minutieux. Les deux rives du fleuve ont été si soigneusement relevées, que sa navigation aura lieu désormais sans difficulté. L'hostilité des Touaregs et des Maures, s'entendant pour la première fois afin de réunir leurs forces contre nous, n'a été qu'un faible obstacle à l'accomplissement de la mission du *Niger*. Car l'immense majorité de la population, les travailleurs noirs exploités sans merci par les pirates du désert, attendait notre arrivée comme une délivrance inespérée.

Depuis Manambugu jusqu'à Tombouctou il n'y a qu'un petit nombre de points dangereux où l'on pourrait être attaqué par des brigands, et dont la possession sera facile à acquérir avec quelques fortins. En effet, la largeur du fleuve se réduit à cinquante mètres dans des gorges profondes où son courant acquiert une véritable impétuosité. D'après des mesures exactes prises à Xamina, à cent kilomètres en amont de notre station principale, sa largeur est de un kilomètre, la hauteur moyenne de ses eaux est de plus de six mètres. Sa vitesse en temps ordinaire est de 1 m. 50 par seconde, de sorte que son débit peut être évalué à 7000 mètres cubes.

Ce chiffre indique l'importance du grand fleuve dont la boucle immense, s'avançant vers le nord, semble marcher au-devant des caravanes et du chemin de fer d'Alger. Cette immense artère nous appartiendra aussitôt que nous voudrons recommencer pour quelques steamers de plus fort tonnage ce qui a si bien réussi.

Le transport n'offrira aucune difficulté pour des navires de dimensions quelconques quand le chemin de fer du haut Sénégal sera terminé. Bientôt on pourra dire que sur la grande voie navigable du Soudan il ne se tirera plus un coup de fusil sans notre permission.

Le Niger n'est pas le seul grand fleuve que des Français aient ouvert au progrès et à la civilisation à l'aide d'une aventureuse navigation. En effet, c'est Jacques Cartier qui découvrit et parcourut une autre artère fluviale, peut-être encore plus merveilleuse, l'immense Saint-Laurent.

Dans son expédition de 1534, cet illustre navigateur aborda avec deux bâtiments de soixante et un hommes d'équipage chacun au golfe où se jette ce prodigieux cours d'eau. Il parcourut une partie des côtes de cette mer intérieure qui a 500 kilomètres de longueur et plus de moitié de large, trafiquant avec les indigènes et examinant le pays avec soin.

Il se livra à cette course pendant deux mois et demi, vérifiant les récits des pêcheurs qui l'avaient précédé et avaient même déjà donné des noms à plusieurs caps. Puis, pour se conformer à sa commission, il prit possession du pays pour François Iᵉʳ. Lorsqu'il revint en France, il amena avec lui deux naturels, qui ne tardèrent point à apprendre notre langue. Dès que ceux-ci furent en état de se faire comprendre, ils racontèrent que dans le fond du lac il y avait un grand fleuve qui vient de si loin que personne n'a jamais pu en trouver le bout, et qui a pour source d'immenses nappes d'eau.

Les sauvages ajoutaient une infinité de choses tellement peu probables, qu'il fut décidé qu'on enverrait Jacques Cartier une nouvelle fois dans la baie du Saint-Laurent pour vérifier ces récits extraordinaires. Le roi mit à sa disposition un navire de cent vingt tonneaux nommé *Grande Hermine*, auquel on adjoignit deux navires beaucoup plus petits. L'expédition se composait de cent dix hommes seulement, tout compris. Mais elle flattait l'esprit aventureux de la noblesse, et quelques gentilshommes s'étaient fait inscrire sur les rôles d'équipages.

Le départ eut lieu au mois de mai 1535, après que Jacques Cartier et ses hommes eurent assisté à une messe solennelle chantée dans la cathédrale de Saint-Malo.

Les commencements de l'expédition ne furent point heureux : il survint des tempêtes très violentes, et les navires furent dispersés au loin. Ce n'est qu'au mois de juillet que Jacques Cartier réunit sa flotte dans une petite île, située entre Terre-Neuve et le Labrador, qu'il avait assignée à ses capitaines comme rendez-vous. Après avoir exploré une multitude d'îles, il entra dans le Saint-Laurent.

Les récits naïfs que l'on possède expriment la surprise des équipages en voyant défiler des paysages grandioses qu'on ne retrouve dans aucun pays. Nous ne chercherons point à donner une idée de cette navigation merveilleuse dans laquelle chaque escale de la *Grande Hermine* a été marquée par la prise de possession d'un lieu où s'élève aujourd'hui une ville célèbre. En effet, Cartier débarqua successivement sur les lieux qu'occupent Québec et Montréal. Jusqu'où est allé cet illustre marin ? les opinions des historiens varient. Ce qu'il y a de certain, c'est que la *Grande Hermine* commença la longue série des découvertes que, avec des moyens misérables, firent de grands et héroïques Français dont le nom, oublié par une ingrate patrie, est célèbre non seulement au Canada, mais encore aux États-Unis.

Récemment le juge John Gillmory Shea, de New-York, et

M. Parkmann, de Boston, ont raconté en termes émus cette épopée de la découverte du Mississipi, d'autant plus glorieuse que nos vaillants compatriotes n'étaient soutenus que par leur patriotisme et leur zèle pour la religion. En effet, tandis que ces grands drames se passaient dans les forêts presque impénétrables de l'Amérique du Nord, la mère patrie était en proie aux guerres civiles les plus longues, les plus sanglantes, dont notre histoire fasse mention. Pendant que les Jésuites envoyaient leurs missionnaires dans la Nouvelle-France, Coligny cherchait à établir une colonie protestante dans la Floride; à cette époque de discordes sanglantes, bourreaux et victimes se rencontraient dans un égal désir de contribuer à la grandeur de la France, en lui assurant dans le Nouveau Monde une part suffisante pour rivaliser avec les conquêtes des rois d'Espagne et de Portugal.

Ce fut seulement sous le règne de Louis XIV que l'on chercha à vérifier les récits d'autres sauvages qui racontaient que dans l'ouest se trouvait un grand fleuve qu'on nommait le Père des Eaux; c'est celui que porte encore de nos jours le Mississipi. Un simple moine nommé Marquette partit en 1674 à la découverte de ce fleuve immense avec un canot d'écorce et quelques Indiens. Par une circonstance bizarre, le lieu où il fit le plus long séjour est incontestablement le site où s'élève aujourd'hui la ville de Chicago. Ce point est si admirablement situé qu'il a suffi d'un demi-siècle au village qu'on y a fondé vers 1840 pour devenir la seconde ville des États-Unis. Depuis quelques années les antiquaires cherchent à déterminer le lieu exact où cette cabane de planches, berceau de la civilisation, a été élevée; on croit qu'il se trouve dans l'enceinte qu'occupe actuellement la fabrique de moissonneuses de Mac Cornick, célèbre dans le monde entier. Mais, de toutes ces moissons, la plus riche n'est-elle pas celle que les travaux du pauvre moine ont rapportée? En effet, à peine était-il de retour au Canada, que l'héroïque Lasalle entreprenait l'œuvre gigantesque de joindre deux grands fleuves, le Saint-Laurent et ses lacs avec le Mississipi. Pour arriver à ce but immense, ce héros construisit, en amont des cataractes, une petite goélette que l'on nomma *Griffon*, qui eut des aventures aussi dramatiques que celles de la *Santa Maria*, et dont le rôle dans l'histoire de ces magnifiques régions n'est pas moins important. De tous les explorateurs qui ont parcouru le Nouveau Monde, on peut dire que c'est certainement le Normand Lasalle qui compléta le mieux l'œuvre du Corse Colomb.

Combien ils ont été heureusement inspirés, les Américains qui ont demandé au Congrès de Washington de choisir le lieu où le rêve de Lasalle est devenu une réalité ! Car l'union des deux grandes artères de l'Amérique du Nord ne se consomme-t-elle point dans cette ville géante, où les eaux dérobées au Michigan, par un canal creusé à main d'homme, commencent leur long voyage pour aboutir dans la mer des Antilles, non loin de la Nouvelle-Orléans ?

CHAPITRE XXII

Le 13 octobre 1893, un gai soleil illuminait les côtes de Provence, lorsque l'escadre russe faisait son entrée dans la rade de Toulon où la flotte des cuirassés français l'attendait en ordre de bataille. Qui eût dit que ces salves d'artillerie, ces acclamations enthousiastes et ces musiques militaires célébraient à leur insu un anniversaire d'une tout autre nature que la conclusion de l'entente franco-russe? En effet, le 13 octobre 1855, une flotte anglo-française arrivait avec les batteries flottantes qu'elle avait remorquées, devant la forteresse russe de Kinburn dont quelques jours plus tard, la garnison était obligée de se rendre, car ses boulets rebondissaient impuissants sur les plaques de fer qui recouvraient les nouveaux engins de guerre employés par les flottes alliées.

C'était pour pénétrer dans cette mer d'Azov, transformée en un lac russe, par le génie de Catherine la Grande que, suivant le *Moniteur officiel*, Napoléon III avait eu l'idée de protéger des chaloupes au moyen de cuirasses de fer, et par suite de créer la marine cuirassée qu'on avait pu croire tout d'abord invulnérable.

Le *Nicolas I*, de l'amiral Avellan, et le *Marengo*, de l'amiral Gervais, devaient leur armement aux combinaisons nouvelles

sans lesquelles le siège de Sébastopol aurait probablement dégé-
néré en une démonstration encore plus inutile que dispendieuse
et sanglante.

En 1894, l'amirauté russe avait fait accompagner le *Nicolas I* par le *Souvenir d'Azof*, magnifique cuirassé, baptisé en
l'honneur du vaisseau amiral russe de la bataille de Navarin.
Mais ce n'était pas seulement le compagnon d'armes de la
Sirène que rappelait dans nos cœurs la présence de ce navire.

Il est encore un autre souvenir certainement ignoré de la
plupart des spectateurs des fêtes de Toulon : les troupes de
débarquement étaient, en 1855, commandées par le général de
brigade Bazaine ; les succès des premiers cuirassés entourèrent
d'une auréole de gloire, le futur défenseur de Metz et signalèrent cet homme néfaste à l'admiration publique.

Deux ans à peine, après la prise de Kinburn, Dupuy de Lôme
garnissait la frégate la *Gloire* de plaques encore plus épaisses que
celles qui avaient résisté aux boulets russes. Ce célèbre ingénieur réussissait à mettre à la mer, non plus un ponton ayant
besoin d'être remorqué, mais un navire qui pouvait se mouvoir
lui-même, sans être gêné dans ses évolutions par le poids du
fer dont on l'avait blindé.

Les Anglais qui s'étaient hâtés, dès 1855, de construire eux
aussi leur batterie flottante, ne voulurent pas laisser à leurs
anciens alliés le mérite d'avoir réalisé un progrès si important.
La *Gloire* était à peine à la mer, que l'amirauté anglaise avait
garni d'une couche de fer le *Warrior* et le *Black Prince*.

Si la France avait alors construit le premier navire cuirassé,
l'Angleterre en possédait deux.

L'honneur d'avoir employé le premier navire blindé dans un
combat naval appartient aux Sécessionistes. Ils couvrirent de
rails juxtaposés une frégate sabordée et abandonnée par les
Unionistes. Au mois de mai 1862, le navire insurgé, le *Merri-*

mac, arrivant à l'improviste dans la rade d'Hampton, coula deux frégates du gouvernement, le *Cumberland* et le *Congress*. Les équipages furent presque entièrement engloutis dans les eaux de la baie du Chesapeake. Le *Merrimac* s'apprêtait à traiter de la même manière les restes de la flotte des États-Unis, lorsqu'il vit arriver devant lui le *Monitor*, autre navire blindé construit dans l'espace de cent jours par un des plus grands ingénieurs du siècle, le Suédois Ericson. Sur un pont tout en fer, glissant comme un miroir, n'offrant ni point saillant, ni garde-fou, ni cordage, ni aucun objet auquel on pût se cramponner, s'élevait une tour percée de deux sabords par lesquels passaient les gueules de deux canons formidables; cette tour était mobile afin que l'artillerie qui la garnissait pût tirer dans toutes les directions. Vainement le *Merrimac* tenta de se débarrasser de ce dangereux adversaire, en lui portant un coup du terrible éperon dont il était armé. Plus agile, le *Monitor* put constamment éviter le contact de cette arme terrible. Vingt fois les Sécessionistes tentèrent l'assaut de cette tortue flottante, dont la carapace vomissait par des ouvertures cachées des torrents de vapeur brûlante. Désemparés, coulant bas, réduits à la moitié de leur effectif, les Sécessionistes étaient heureux de rentrer dans le port de Norfolk, d'où ils ne sortirent plus pendant toute la durée de la guerre.

Le génie d'Ericson avait sauvé la République Américaine en la rendant maîtresse sur mer. Le grand inventeur avait bravement conduit lui-même son *Monitor* pendant le long combat de cinq heures qu'il soutint. Il avait été ramené à Baltimore épuisé, presque mourant et se croyant aveugle. Lincoln, le président de la République, quitta exprès Washington pour venir lui donner l'accolade fraternelle sur son lit de douleur.

De si grands résultats, qui assurent au *Monitor* un rang à part dans l'histoire, devaient forcément exciter l'émulation des monarchies de la vieille Europe.

Dès ce moment commença la lutte acharnée, impitoyable, entre les cuirasses épaisses et les gros canons dont nous sommes encore préoccupés de nos jours et à laquelle on se livre avec tant d'acharnement surtout en Angleterre.

Chaque fois que les ingénieurs de Sa Majesté Britannique sont parvenus à fabriquer une cuirasse résistant à un boulet, ils s'empressent de fondre un nouveau canon qui puisse lancer un boulet plus puissant. Quand ils ont réussi, ils augmentent l'épaisseur de leur cuirasse et du matelas en planche, le nombre et la taille des boulons d'attache. Dès qu'ils sont arrivés à trouver la cuirasse convenable, ils recommencent à travailler au perfectionnement de leurs gros canons.

Que de livres sterling se sont ainsi envolées en fumée!

C'est ainsi que nos voisins sont arrivés à fondre des canons de 110 000 kilogrammes et à les embarquer. C'est là un poids qui a toujours fait reculer nos artilleurs. En effet, ils n'ont jamais présenté aux navires français de pièces dépassant 70 000 kilogrammes et ont laissé aux Italiens la gloire de dépasser les Anglais en armant leurs cuirassés avec des pièces de 120 000 kilogrammes.

Nos marins n'ont pas tardé à reconnaître qu'avec des canons d'un poids de 70 000 kilogrammes, il n'y a pas de navire qui puisse conserver ses qualités nautiques. Il a donc fallu nécessairement abandonner ces énormes pièces, quoiqu'elles perçassent des cuirasses de 85 centimètres de fer, appuyées sur des matelas de bois de 84 centimètres d'épaisseur. On s'est borné à donner à nos plus gros cuirassés des pièces de 30 centimètres de calibre dans lesquelles les artilleurs ne peuvent plus pénétrer, pour examiner l'âme de la pièce. Leurs projectiles ne pèsent plus que 284 kilogrammes, et il suffit pour les lancer de 116 kilogrammes de poudre prismatique, dont les grains sont plus gros que la moitié du poing.

Parallèlement à ces essais d'artillerie, les essais de machines, ont englouti des sommes considérables.

L'amirauté anglaise a voulu dépasser la vitesse du *Howard*, qui fait facilement 16 nœuds 15 à l'heure, et posséder un cuirassé ayant une vitesse de 17 nœuds 50; faute de ces 1 200 mètres d'augmentation de vitesse par heure, la supériorité traditionnelle de la Grande-Bretagne était compromise. Pour éviter ce malheur, il a fallu donner au *Royal Sovereign* un cubage de 14000 tonnes. Ces améliorations ont nécessité une dépense supplémentaire de 5 millions de francs. Un grand nombre des vaisseaux de Nelson ayant figuré avec honneur dans les batailles d'Aboukir et de Trafalgar n'avaient point absorbé des sommes supérieures.

A peine le *Royal Sovereign* était-il à flot, que l'amirauté prenait les dispositions nécessaires pour construire en trois ans deux navires jumeaux de 15000 tonnes, auxquels les ingénieurs voulaient donner une vitesse de 18 nœuds, égale à celle de nos grands transatlantiques la *Bretagne* ou la *Touraine*.

Il paraît qu'une maison de constructions navales anglaise vient de lancer un torpilleur pouvant marcher à une vitesse de 28 nœuds. Mais, pour rassurer notre patriotisme, nous pouvons annoncer la mise à flot du *Forban* qui filera 50 nœuds, c'est-à-dire 56 kilomètres.

A la fin du mois de juillet 1894, M. Normand n'a pas craint de raconter dans la réunion des architectes maritimes, qui s'est tenue à Portsmouth, la manière dont il s'y prend pour obtenir un résultat dépassant toutes les prévisions. Non seulement il surchauffe la vapeur, qui produit son effet dans des cylindres à multiple expansion, mais l'eau d'alimentation des chaudières est elle-même de l'eau portée à plusieurs degrés au delà de son point d'ébullition. L'accumulation de chaleur et de force motrice est si grande, que le poids du cheval-vapeur effectif est réduit à

24 kilogrammes, le douzième environ de ce que pèse le cheval de sang.

Espérons pour nos voisins d'outre-Manche que ni le *Majestic*, ni le *Howard*, ni le *Royal Sovereign*, n'arriveront à la triste célébrité du *Victoria* que commandait l'amiral Tryon lors des grandes manœuvres de la Méditerranée, en 1893, et qui coula à pic, parce que, se trompant dans le calcul des distances, l'amiral le précipita sur l'éperon du *Camperdown*. Cependant ce grand homme de mer avait certainement donné des preuves certaines de sa science profonde; s'il n'avait pas repoussé d'*Armadas*, il avait conduit maintes fois (bonheur que Drake n'avait point eu une seule fois dans sa longue carrière), le yacht de la Gracieuse Souveraine des Trois-Royaumes jusqu'à Cowe, et même jusqu'à Cherbourg !

A moins d'être gouvernés par d'excellents marins comme on en trouvera toujours en France, c'est surtout pour leurs amis que ces navires à éperon sont redoutables. Si l'on en croit M. Pestchich, général de la marine russe, le désastre si lamentable du *Victoria* n'est pas un fait isolé; dans ces trente dernières années, on peut mettre sur le compte de l'éperon la perte d'une dizaine de navires entraînant celle de plus de deux mille hommes d'équipage.

Bien au contraire, les navires célèbres par l'habileté avec laquelle ils se sont servis de leur éperon pour couler bas un navire ennemi sont d'une rareté rassurante pour leurs adversaires. A la sanglante bataille de *Lissa*, dans laquelle s'immortalisa l'amiral autrichien Tegheboff, le *Ré d'Italia* fut coulé avec une facilité stupéfiante.

Le *Huascar* ne fit pas une seule fois usage de l'arme à la Diulius qui garnissait son avant; il ne s'en servit ni pendant qu'il faisait partie de la flotte péruvienne, ni après que la fortune de la guerre l'eut mis entre les mains des Chiliens.

En 1892, l'escadre anglaise de la Méditerranée n'avait pas
éprouvé dans ses grandes manœuvres de catastrophe aussi reten-
tissante qu'en 1893, mais il paraît cependant que sur les 92 navires qui la composaient, 38 furent obligés de quitter les rangs
et d'aller à Malte pour se faire réparer, et les grandes manœuvres n'avaient duré que quatre jours!

Le *Formidable*.

Le *Courbet*, qui porte le nom du vaillant amiral dont le *Bayard*
a ramené les cendres en France, peut être considéré comme un
des types les plus perfectionnés de la marine nouvelle. En
voyant à la mer cette masse imposante, on oublie involontairement les défauts de proportions, le manque d'harmonie et la
gaucherie de l'allure que lui reprochent les critiques de constructions navales. Mais ce n'est plus qu'un traînard, à côté du *Hoche*,
du *Marceau*, du *Magenta*, du *Redoutable*, de l'*Alger*, du *Davoust*
et de bien d'autres.

Petit à petit, grâce à de nombreuses améliorations de détails, on arrive à superposer les chaudières aux chaudières, à entasser machines sur machines. Un membre de la Société de statistique a eu la curiosité de calculer le nombre des *servo-moteurs* employés à bord du *Formidable*, pour évacuer les escarbilles, retirer l'eau qui s'introduit dans les chaufferies, mettre en action les gouvernails, donner le mouvement initial aux grands moteurs, agir sur les cabestans, fabriquer le courant producteur de la lumière, etc., etc. Ce publiciste est arrivé à en découvrir une soixantaine, et il n'est pas sûr de n'en point avoir omis quelques-uns dans son surprenant inventaire.

Chacun de ces mécanismes est actionné par sa prise de vapeur, de sorte que les tubes destinés à les mettre en mouvement serpentent dans toutes les directions. En mettant bout à bout leur longueur, ce même statisticien est arrivé à un chiffre de 6 kilomètres. Eh bien ! chaque mètre, chaque décimètre, chaque centimètre représente en temps de paix une explosion possible, une fuite aveuglante, et, pendant un combat naval, une chance de captivité ou de mort !

Une grande partie de ces inconvénients disparaîtra dès que les constructeurs auront recours à l'électricité pour exécuter tous les transports de force. Mais il ne faut pas se dissimuler que ces progrès ne feront qu'augmenter l'écrasante responsabilité qui pèse sur le capitaine. En effet, l'homme de qui dépend la vie de l'équipage et l'honneur du pavillon, qui n'a le droit de commettre ni une méprise ni un oubli, ne se tient plus, comme autrefois, sur un banc de quart, en position de tout entendre, de tout voir, au péril de sa vie dont il a fait le sacrifice. Placé au centre d'un réseau de fils qui serpentent dans toutes les directions, il doit se tenir soigneusement caché. Si brave qu'il soit, il lui est interdit de s'exposer au feu de l'ennemi, qui l'atteindra pourtant plus d'une fois dans son blokhaus. Ainsi, au combat de Punto-Angermos, trois capitaines du *Huascar*, furent successivement mis hors de combat par des projectiles péruviens qui vinrent les frapper dans leur cabine.

Le commandant, qu'un seul aide assiste, est chargé de veiller à tout. Les autres officiers n'ayant chacun qu'un droit d'initiative limité, sont cantonnés qui dans la batterie, qui dans les machines, qui dans les tourelles, et leur unique pensée est celle d'obéir aux avis que leur transmet le téléphone. Vitesse, giration, artillerie, torpilles, tout dépend du capitaine qui dans le sens littéral du mot, est bien le *Deus ex machina*. Cette arche infernale, dont le volume s'accroît d'année en année, ne doit pas faire un mouvement que le capitaine n'ait calculé et dont il n'ait donné l'ordre. Ces canons formidables dont le recul pourrait écraser un petit navire ne tonnent que lorsqu'il a envoyé les instructions nécessaires pour qu'ils soient mis en action. C'est sur son ordre que la torpille est lancée. S'il rencontre une inspiration heureuse, c'est pour lui la victoire! Qu'il commette une faute, un oubli, tout est perdu! Dans les combats nouveaux, où la vapeur opère avec une vitesse décuplée par l'instantanéité de l'électricité, on ne peut espérer pouvoir réparer une erreur de manœuvre.

La situation du commandant est peu enviable, mais celle des officiers, des sous-officiers et matelots ne serait pas moins difficile et pénible si tous les membres de la grande famille maritime, n'étaient soutenus par la grande pensée de servir la France, si le patriotisme ardent qui guida nos soldats à Sontay, Formose et Fou-Tcheou n'affirmait énergiquement sa présence et sa puissance chaque fois que la nation a besoin de dévouement de ses équipages.

Qui ne se rappelle les vaillants marins du siège de Paris que l'on mit en garnison dans les forts détachés de Vanves, de Bicêtre et de Romainville.

Les aéronautes du *Volta*, du *Jules-Favre*, du *Duquesne*, du *Niepce* et de l'infortuné *Jacquard*, se lancèrent sans doute intrépidement dans la nuée orageuse, dans les ténèbres pour apporter à la province les dépêches, les lettres et les journaux de la capitale. Mais les héroïques capitaines qui conduisaient ces vaisseaux aériens ont-ils eu un dévouement plus sublime que celui de nos marins, des apprentis chauffeurs ruisselants de sueur, renfermés dans une longue cave ardente, dans des chambres de chauffe embrasées par le reflet des fours en pleine déflagration? Ont-ils plus courageusement souffert pour la patrie que ces hommes couverts de charbon, dont l'héroïsme se dépense en activant le feu, en fouillant les cendriers et en entretenant les

Torpille.

brasiers qui les dévorent, sans autre distraction que l'arrivée des boulets qu'on leur destine?

Il n'y a certainement pas d'engin qui ait donné naissance à des combinaisons aussi multiples et aussi ingénieuses que la Torpille. On pourrait remplir un volume entier en rapportant au lecteur qui s'intéresse aux choses de la mer, toutes les inventions dignes d'être signalées dans cet ordre d'idées, même en laissant de côté les machines fantastiques qui, comme la torpille électrique de Sims Édison, devaient poursuivre leur proie comme un espadon suit une baleine mais qui n'ont jamais existé que dans l'esprit de l'inventeur.

C'est actuellement la torpille Whitehead qui est employée par toutes les flottes militaires. On la met en mouvement à l'aide d'un courant d'air comprimé à 80 atmosphères.

Des milliers de torpilles de ce genre ont été vendues à toutes les grandes puissances maritimes. Toutes vont s'approvisionner à la manufacture de Fiume devenue un des plus grands établissements industriels du monde.

Surtout depuis que l'heureux inventeur de ce bijou d'artillerie a réduit à 7000 francs le prix d'un engin se transportant à l'aide du jeu de son hélice, en moins d'une minute, à 500 mètres

La *Dragonne.*

de distance, le bon marché a tenté les puissances. N'est-ce point, en effet, donné pour rien à une époque où les gros canons ne peuvent lancer un boulet qui coûte moins de 5010 francs, au plus juste prix?

La manœuvre de la torpille Whitehead a été perfectionnée dans tous ses détails. On n'a plus besoin, comme autrefois, de la lancer au moyen d'un tube sous-marin dont l'ouverture était fermée par une soupape.

Mue par un mécanisme spécial, elle se met elle-même à l'eau, et descend au niveau nécessaire pour frapper le cuirassé à un endroit sensible dans ses œuvres vives. On a même poussé son perfectionnement jusqu'à la garnir de cisailles qui coupent les filets d'acier dont s'entourent les cuirassés pour se protéger contre les projectiles analogues.

Nous ne savons si la victoire obtenue par un croiseur peut être considérée comme un fait de guerre maritime, quand le navire assailli en temps de paix est un transport chargé de troupes comme le *Keoshing*. Cependant, l'extraordinaire facilité avec laquelle quelques torpilles du *Nanima* ont coulé ce malheureux navire, au commencement du conflit Sino-Japonais, ne peut être passée sous silence. En effet, elle montre que les clients de la maison *Whitehead* ne perdent pas leur argent.

Mais malgré tous les prodiges réalisés par l'artillerie moderne, ce n'est point encore cet engin banal, à la portée de toutes les puissances militaires, qui décidera de l'empire des mers. Ce sont les torpilleurs apportant eux-mêmes leur machine infernale sur les flancs des navires ennemis, qui remplaceront les anciens corsaires des guerres de la République et de l'Empire.

En une seule fois le constructeur Normand, du Havre, a livré au Ministère de la marine vingt-trois de ces torpilleurs filant chacun de 23 à 24 nœuds, et dont le tonnage total ne cubait pas un millier de tonnes. On aurait pu embarquer toute cette flottille à bord de deux croiseurs gréés comme la *Foudre*, navire destiné spécialement à effectuer de semblables transports dans les mers lointaines.

Dans une autre occasion, l'amiral Aube faisait construire soixante-quatorze bâtiments de cette nature, qu'on ne désigne que par leurs numéros; mais vienne une guerre maritime, et ces numéros deviendront bientôt aussi célèbres que celui de la 32ᵉ demi-brigade dans les annales de nos guerres révolutionnaires.

L'histoire navale des torpilleurs est de date récente, mais ils ont cependant déjà à leur actif des hauts faits de premier ordre. En 1891, dans la guerre civile qui désola la République du Chili, le *Blanco-Encelada*, cuirassé de 3 500 tonneaux et de 350 hommes d'équipage, ne put résister au contact d'une torpille lancée adroitement par un matelot d'un des petits bâtiments restés fidèles à la cause du président Balmaceda. Le *Blanco-Encelada* coula à pic, et la moitié de son équipage périt avec lui.

Dans l'héroïque fait d'armes de Fou-Tchéou, sur la rivière de Min, où l'amiral Courbet extermina la marine chinoise, et dans bien d'autres occasions encore, des marins français allèrent porter des torpilles sous des navires chinois qui sautèrent en l'air et furent engloutis, eux et leurs équipages. Un peu plus tard, à Sheï-Poo, deux canots à vapeur du *Bayard* torpillèrent en pleine nuit, une frégate et une corvette chinoise qui disparurent instantanément dans les flots.

Plus récemment, c'est un torpilleur du gouvernement brésilien qui coula bas l'*Aquidaban*, un des cuirassés insurgés qui avaient tenu pendant près de six mois la ville de Rio sous la terreur d'un bombardement perpétuel. Une torpille adroitement lancée a suffi pour mettre fin à une rébellion qui menaçait de s'éterniser et mettait en péril l'existence d'une des plus grandes Républiques du monde.

Nous pouvons donc avoir confiance dans l'avenir. Dans toutes les éventualités les plus graves, les torpilleurs permettront à nos marins d'accomplir contre les ennemis de la patrie des exploits encore plus surprenants que ceux des Surcouf et des Jean Bart.

Les grandes vitesses, qui conviennent si bien à notre impétuosité nationale, ont été obtenues, en dehors des arsenaux de l'État, dans les grands ateliers du champion des constructeurs français. Les résultats merveilleux auxquels est arrivé M. Normand, du Havre, ne serviront point seulement à donner à nos corsaires et à nos croiseurs l'impétuosité de la foudre, lorsque nous aurons à mettre la force au service de notre droit républicain. Mais ils serviront pendant la paix à consolider l'union des diverses provinces de notre empire colonial, en augmentant progressivement la vitesse de nos paquebots. Grâce à ces progrès inouïs de l'art des constructions navales, la Méditerranée ne sera pas plus longue à franchir à la fin de ce siècle de la vapeur et de l'électricité, que la Manche ne l'était lorsque la paix fut rétablie après la chute de Napoléon Ier.

FIN.

TABLE DES CHAPITRES

28 920. — Imprimerie Lahure, rue de Fleurus, 9, à Paris.